新 農地の法律がよくわかる
百問百答
〈改訂３版〉

全国農業委員会ネットワーク機構
一般社団法人　全国農業会議所

刊行に当たって

一九八五年に農林水産省構造改善局農政課監修の『農地の法律がわかる百問百答』が発行されて以来、農地行政担当者をはじめ、広く皆様にご活用いただいておりました。

その後九〇年に制定された「改正農用地利用増進法」及び「特定農地貸付けに関する農地法等の特例に関する法律」、九一年に制定された「市民農園整備促進法」、九三年に制定された「農業経営基盤の強化のための関係法律の整備に関する法律」による農用地利用増進法（農業経営基盤強化促進法に改名等）の改正、〇九年の農地法の全面改正、農業経営基盤強化促進法等の改正、一三年の「農地中間管理事業の推進に関する法律」の制定及び農業経営基盤強化促進法等の改正など農地関係の法律が制定、改正される都度補正をして参りました。

今回は一八年の農業経営基盤強化促進法等の一部を改正する法律、一九年の農地中間管理事業の推進に関する法律等の一部を改正する法律の制定を受け、また統計数字を最新のデータにする等内容の大幅な改訂を図りました。

改訂に当たりまして、農地制度に農林水産省で携わった者及び全国農業会議所で携わっている者等が担当しましたが、今後皆様方の意見やご教示を賜りたいと思います。

本書が前刊同様、広くご活用されることを願ってやみません。

二〇二一年七月

全国農業委員会ネットワーク機構
一般社団法人　全国農業会議所

初版の序

現在、全国の農業委員会系統組織を中心に「農地を守る運動」が、強力に展開されております。

戦後、我が国の国づくりの基礎となる法律の一つとして農地法が制定されてから三〇有余年を経過している今日において、「農地を守る運動」が展開されるに至ったということは、我が国農業が直面している厳しい現実を雄弁に物語っているといえるのではないでしょうか。

歴史をひもとくに、一つの制度が発足の理念を踏まえて、円滑かつ合理的に機能する期間には一定の限界があるようです。社会経済情勢の変化に対応して、その目的に即した合理的な運用を行うためには、常に制度発足の原点の思想を確認するとともに、制度の内容と運用準則についての厳しい点検が要求されます。

法の運用者の緊張をはらんだ不断の努力こそ制度の安定的、かつ、適切な運用のための不可欠な要件であるといえましょう。

今更「百問百答」でもなかろうという声も或いはあるかとも思いますが、このような意味に加え今や農地法の制度に携わった先輩諸兄は勿論、農地法の専門家といわれる諸兄の多くも現役を離れられ、農地法についての基本的な知識を広く共有することの難しさと必要性を第一線の行政担当者として痛感していることもあり、本書の発刊を思い至った次第であります。

本書は、農政課の諸君が、分担執筆いたしましたが、作成に当たりましては、農地法の生き字引きといわれる玉井幸夫　元農林水産省参事官（現全国農地保有合理化協会審議役）に種々御教示いただきました。ここに篤く感謝の意を表したいと思います。

本書が、広く、農地制度に関係する方々のみならず農地制度に関心のある方々に活用されることを心から期待してやみません。

一九八五年一一月

農林水産省構造改善局

農政課長　入　澤　　肇

（前・帝京大学法学部長）

目次

第一 農地法関係

《追加》

農地中間管理法関係

生産緑地法関係

都市農地の貸借の円滑化に関する法律関係

市民農園関係

附　録

法律等の略称

本書においては、法律の名称としては極力略称を用いることを避けましたが、次の法律については略称を用いています。

農振法――農業振興地域の整備に関する法律

農委法――農業委員会等に関する法律

基盤法――農業経営基盤強化促進法

農地中間管理法――農地中間管理事業の推進に関する法律

特定農地貸付法――特定農地貸付けに関する農地法等の特例に関する法律

都市農地貸借円滑化法――都市農地の貸借の円滑化に関する法律

特定農山村法――特定農山村地域における農林業等の活性化のための基盤整備の促進に関する法律

農地――特に書き分けている場合（農地転用等）を除き、農地のほか採草放牧地も含みます。

農地法関係

Ⅰ　農地法の目的等

〔問1〕　農地法は何を目的にどのようなことを規定しているのですか。

答

農地は、例えば工場の敷地等とは異なり、それ自体が生産力を持つものであり、農業における重要な生産基盤であるとともに国民の資源であり、かつ、地域の貴重な資源です。とくに、我が国のように、国土が狭く、かつ、その三分の二は森林が占めるという自然条件の中で、食料の安定的な供給を図るためには、優良な農地を確保するとともに、それを最大限効率的に利用する必要があります。

このような観点から、農地法は、耕作者の地位の安定と国内農業生産の増大を図ることを目的として、次のような仕組みを定めています。

一、耕作目的の農地の権利移動の制限（第三条）

不耕作目的での農地の取得等望ましくない権利移動を規制し、農地を効率的に利用する耕作者による権利の取得を促進するため、農地の権利移動の機会を捉えて、土地利用の効率化を期することとし、農地の所有権の移転、賃借権の設定等については、その権利を取得する区域《（注一）》の農業委員会の許可（農地中間管理機構の農地売買等事業の実施による取得並びに農地中間管理機構の農地中間管理権の取得の場合は農業委員会への届出）を要することとされています。

農業委員会は、農地の受け手が農地を効率的に利用するかどうかについて、農地の受け手の農業経営の状態、経営面積等を審査して許可をしてはならない基準に該当するときは許可しないこととされています（Ⅱ参照）。

なお、この許可の対象とならない相続（遺産分割、包括遺贈及び相続人に対する特定遺贈を含みます。）及び、法人の合併・分割、時効等により農地の権利を取得した者は、遅滞なく（おおむね一〇月以内）農業委員会に届け出る必要があります。

（注一）「区域」は、市町村に二つ以上の農業委員会が置かれている場合については、農業委員会の区域となります。

二、農地転用の制限（第四条、第五条）

農地の農業上の利用と農業以外の土地利用との調整を図りつつ、優良農地を確保するとともに、住宅、工場、学校、病院等の無秩序な立地による農業環境の悪化を防止して農業上の土地利用が合理的に行われるようにするため、農地の転用又は農地転用のための権利移動については都道府県知事（注二）（指定市町村においては指定市町村の長）の許可（市街化区域内にあっては農業委員会への届出）を要することとされています。

都道府県知事（指定市町村においては指定市町村の長）は、転用候補地の位置、転用の確実性、転用に伴う周辺の農地への影響等から許可をしてはならない基準に該当するときは許可しないこととされています（Ⅳ参照）。

（注二）　都道府県は知事の許可事務の一部を地方自治法の規定に基づき、条例で市町村が処理することとし、さらに市町村長から農業委員会に事務委任しているところがあります。

農地法第四条及び第五条の許可権者等

	許可権者等	権利取得の類型
許可	都道府県知事等（農業委員会を経由）	○農地についての転用若しくは転用のための権利移動又は採草放牧地の転用のための権利移動 （注）都道府県は知事の許可事務の一部を地方自治法の規定に基づき、条例で市町村が処理することとし、さらに市町村長から農業委員会に事務委任しているところがあります。
届出	農業委員会	○市街化区域内にある農地の転用又は市街化区域内にある農地・採草放牧地の転用のための権利移動

三、賃貸借契約の解約等の制限等（第一六条、第一七条、第一八条）

農地を借りて耕作する者の権利を保護するため、農地の賃貸借は登記がなくても引渡があったときから物権を取得した第三者に対抗できる（農地法第一六条）こととし、賃貸借の法定更新（遊休農地の措置による農地中間管理権、公告があった農用地利用集積計画による利用権及び農地中間管理事業で公告のあった農用地利用配分計画による利用権等は除かれます。）を認め（農地法第一七条）、賃貸借の当事者が農地の賃貸借契約の解約等をする場合には、都道府県知事の許可を得なければならない（農地法第一八条）こととされています。

ただし、合意解約や一〇年以上の定期賃貸借について更新拒絶する場合、解除条件付の賃貸借で賃借人が適正に利用していないと認められる場合にあらかじめ農業委員会に届け出て解除する場合、農地中間管理機構が借り受け又は貸し付けた農地等の解除で都道府県知事の承認を受けた場合等は許可不要とされています（Ⅴ参照）。

四、遊休農地に関する措置

農業委員会が遊休農地の所有者に対する農地の利用意向調査（農地法第三二条）を行い、農地中間管理機構に貸し出す意向があるかどうかを確認することから始め、都道府県知事の裁定による農地中間管理機構への利用権設定（農地法第四〇条）ができることとされています。なお、この措置は、耕作者が不在となること等により遊休農地化することが見込まれる農地も対象（農地法第三三条）になるとされています。

五、農地台帳及び地図の作成・公表

農地の集積・集約化を効果的に進めるため、農業委員会は、農地の所在、所有者、賃借権等の種類・存続期間等を記録した農地台帳（農地法第五二条の二）及び地図を磁気ディスクをもって作成し、これを公表する（農地法第五二条の三）こととされています。

六、その他

以上の他、農地法には農地所有適格法人の要件を欠いた場合の取扱い（農地法第六～一五条）、和解の仲介（農地法第二五～二九条）、実勢借賃等の情報の提供（農地法第五二条）等が規定されています。

農地法の仕組み

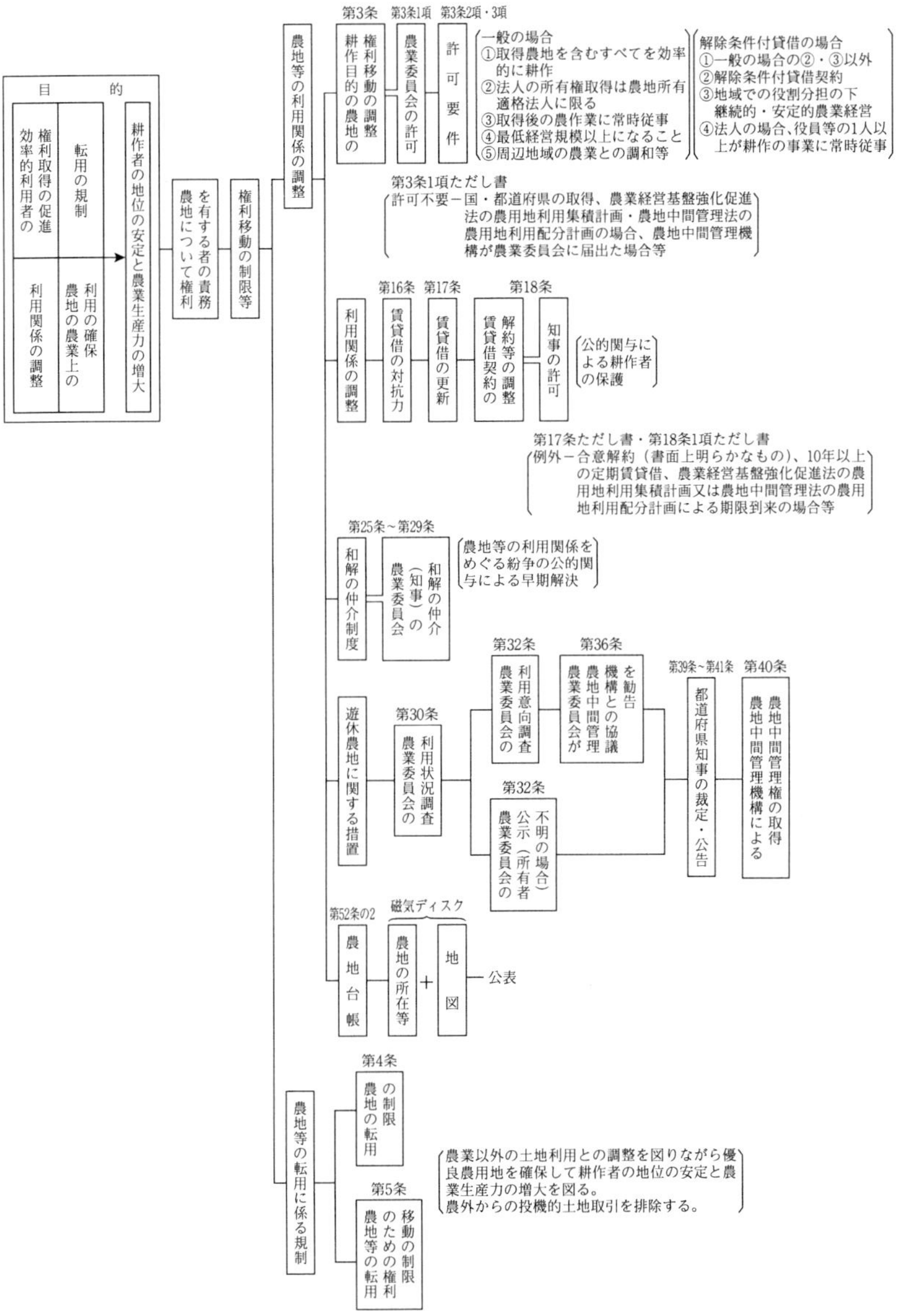
目的
効率的利用者の権利取得の促進
転用の規制
利用関係の調整
農地の農業上の利用の確保
耕作者の地位の安定と農業生産力の増大
農地について権利を有する者の責務
権利移動の制限等
農地等の利用関係の調整
第3条
耕作目的の農地の権利移動の調整
第3条1項
農業委員会の許可
第3条2項・3項
許可要件
一般の場合
①取得農地を含むすべてを効率的に耕作
②法人の所有権取得は農地所有適格法人に限る
③取得後の農作業に常時従事
④最低経営規模以上になること
⑤周辺地域の農業との調和等
解除条件付貸借の場合
①一般の場合の②・③以外
②解除条件付貸借契約
③地域での役割分担の下継続的・安定的農業経営
④法人の場合、役員等の1人以上が耕作の事業に常時従事
第3条1項ただし書
許可不要－国・都道府県の取得、農業経営基盤強化促進法の農用地利用集積計画・農地中間管理法の農用地利用配分計画の場合、農地中間管理機構が農業委員会に届出た場合等
利用関係の調整
第16条
賃貸借の対抗力
第17条
賃貸借の更新
第18条
賃貸借契約の解約等の調整
知事の許可
公的関与による耕作者の保護
第17条ただし書・第18条1項ただし書
例外－合意解約（書面上明らかなもの）、10年以上の定期賃貸借、農業経営基盤強化促進法の農用地利用集積計画又は農地中間管理法の農用地利用配分計画による期限到来の場合等
第25条～第29条
和解の仲介制度
農業委員会（知事）の和解の仲介
農地等の利用関係をめぐる紛争の公的関与による早期解決
遊休農地に関する措置
第30条
農業委員会の利用状況調査
第32条
農業委員会の利用意向調査
第36条
農業委員会が農地中間管理機構との協議を勧告
第32条
農業委員会の公示（所有者不明の場合）
第39条～第41条
都道府県知事の裁定・公告
第40条
農地中間管理機構による農地中間管理権の取得
第52条の2
農地台帳
磁気ディスク
農地の所在等
＋
地図
公表
農地等の転用に係る規制
第4条
農地の転用の制限
第5条
農地等の転用のための権利移動の制限
農業以外の土地利用との調整を図りながら優良農用地を確保して耕作者の地位の安定と農業生産力の増大を図る。
農外からの投機的土地取引を排除する。

〔問２〕平成二一年に農地法等が大幅に改正されたと聞きましたが、どのような点が変わったのでしょうか。

答

平成二一年の農地法等の改正は、農地が食料の安定供給を図るための重要な生産基盤であることから、農地転用規制を強化することによりその確保を図るとともに、一般法人なども農地の借り受けができることとし、また、農地の利用集積を図る新たな仕組みを創設することによりその効率利用を促進することをねらいとして行われました。

法律の改正のあらましは次のとおりです。

一、農地法では、第一条の目的でこれまで「農地はその耕作者みずから所有することを最も適当であると認めて、耕作者の農地の取得を促進し、……」とされていましたが、これを『農地を効率的に利用する耕作者による地域との調和に配慮した農地についての権利の取得を促進し、……』に改正されました。

(1)　これを受けて、農地の権利取得許可の要件として、地域における農業の取り組みを阻害する権利取得を排除することとされました。

(2)　一般の法人なども、貸借（使用貸借による権利又は賃借権に限ります。）で一定の要件を満たす場合、農業への参入ができることになりました。

この場合、貸借（使用貸借による権利又は賃借権です。）で農業に参入する際、㋐農地を適正に利用していない場合には、貸借を解除する旨の条件が契約に付されていること、㋑地域の農業における他の農業者との適切な役割分担の下に継続的かつ安定的に農業経営を行うと見込まれること、㋒法人の場合、業務執行役員（注一）一名以上が農業に常時従事していることという要件を満たす必要があることとされました。

(3)　農地転用規制の見直しでは、これまで許可不要であった学校や病院などの公共施設への転用が許可の対象とされました。

また、違反転用が行われた場合に都道府県知事（指定市町村においては指定市町村の長）による行政代執行制度を創設し、罰則を強化（法人による違反転用の場合、これまでの「罰金三〇〇万円以下」を「一億円以下」とし、さらに違反転用における原状回復命令違反の罰則も強化）されました。

(4)　遊休農地対策については、これまでの農業経営基盤強化促進法から農地法の仕組みに変え、すべての遊休農地を対象とするとともに、農業者等が遊休農地がある旨を申し出ることができることとし、所有者が判明しない遊休農地についても利用が図れるようになりました。

(5)　このほかに、小作地の所有制限及び国が強制的に買収する措置を廃止するなどの改正がされました。

二、農業経営基盤強化促進法の改正では、市町村、市町村公社、農業協同組合などが農地の所有者から委任を受けて、農地の貸付けなどを代理して行う「農地利用集積円滑化事業」が創設されました。（注一）

また、共有農地について、五年を超えない利用権の設定を農用地利用集積計画でする場合に、共有持分の過半数の同意でよいことにするなどの改正がされました。（注三）

三、農業振興地域の整備に関する法律の改正では、農用地面積の目標の達成に向けた仕組みを整備するとともに、農用地区域からの除外の厳格化を図ることとされました。

四、農業協同組合法の改正では、農業協同組合（連合会を含みます）も、総会の特別議決等の手続きを経て、自ら、農地の貸借により農業経営を行うことができるようになりました。

五、平成二一年の改正農地法の成立による利用権設定等促進事業等を踏まえ、同事業による貸付農地に対しても相続税納税猶予の特例（平成二一年）及び贈与税納税猶予（平成二四年）が適用されるようになりました。特例の対象は市街化区域外の農地とされました。

（注一）平成二七年の農地法改正により「業務執行役員又はその法人の行う耕作等の事業に関する権限及び責任を有する使用人」に緩和されました。

（注二）令和元年の法改正により、農地利用集積円滑化事業は農地中間管理事業に統合・一体化されました。

（注三）平成三〇年の法改正により、共有持分の過半数の同意が得られない場合でも農業委員会の探索・公示手続きを経れば不明な所有者の同意を得たとみなすことができる制度が創設されたほか、共有持分の過半を有する者の同意（上記のみなし同意を含む）を得て、又は、農地法第四一条の知事裁定を経て設定される利用権の存続期間の上限が「五年」から「二〇年」に延長されました。

〔問３〕　農地法の意義と役割はどのようなものでしょうか。

答　「農地法」は、戦前戦中の小作人保護制度や農地の権利移動・転用規制を引き継ぐとともに自作農を大量に創設した戦後の農地改革の成果を維持することを目的に昭和二七年に制定されました。

そのため、平成二一年の改正までは第一条に目的として「農地はその耕作者がみずから所有することを最も適当であると認めて、耕作者の農地の取得を促進し」とされ、小作地の所有制限や小作地買収が規定されており、これがいわゆる「自作農主義」といわれるゆえんでした。しかし、その規制の具体的な内容として、民法二〇六条と調和する「法令の制限」として、権利取得者自らが農作業に常時従事し、全ての農地を有効に利用することが権利移動の許可要件（法人についてもそれに代わる要件が課せられます。）とされ、また、耕作者である賃借人を保護する規定も法制定当初から措置されています。したがって、農地法の規制の目的は、自ら耕作を行う者（耕作者）に権利（所有権又は賃借権等の利用権）の取得を認め、その権利を保護することにあるともいえるでしょう。農地転用規制（これも権利移動を規制しています。）と併せ、この規制によってこれまで農地の資産的保有が排除され、その有効利用が図られてきたわけです。農地の所有権は誰が持っても自由にすべきという主張も一部にありますが、それを認めた場合には耕作放棄や無断転用された場合の対応などがより深刻な問題となります。行政強制手続きで公的機関が買い上げたり、収益性を補完するための損失補償的な制度など、新たな対策が不可欠となることも想定されます。

平成二一年に農地法は目的規定も含め大改正され、いわゆる自作農主義に基づく買収制度等は廃止されました。しかし、農地の資産的保有を排除し、耕作者自らの権利取得を促進するというこの基本的考え方は、改正後も変更されていません。また、一方で、遊休農地に関する措置が新たに農地法の中に規定されました。改正後の目的にあるように、「農業生産の基盤である農地が限られた資源」であることから「農地の転用を規制する」とともに「効率的に利用する耕作者による権利の取得を促進」し、その確保と有効利用を図るという農地法の目的・役割は、今後ますます重要になると考えられます。

〔問4〕　農地法上の「農地」「採草放牧地」とは具体的にどのようなものでしょうか。また、これらと農振法、農業経営基盤強化促進法、農地中間管理法、土地改良法上の農用地とは違うのでしょうか。

答

一、農地法においては「農地」「採草放牧地」について定義しています。これは農地の権利移動あるいは農地の転用などの農地法の規制の対象を明らかにしているものであり、非常に重要なことです。具体的には次のとおりです。

(1)　農地とは「耕作の目的に供される土地」とされています（農地法第二条第一項）。

この場合の「耕作」とは土地に労働及び資本を投じ肥培管理を行って作物を栽培することです。わかりやすくいいますと、耕うん、整地、播種、灌がい、排水、施肥、農薬散布、除草等を行い作物が栽培されている土地ということです。田、畑はもちろん果樹園、牧草採取地、林業種苗の苗圃、わさび田、はす池等も農地ということです。

(2)　採草放牧地とは、「農地以外の土地で主として耕作又は養畜の事業のための採草又は家畜の放牧の目的に供されるもの」とされています（農地法第二条第一項）。

「耕作の事業のための採草」とは堆肥にする目的等での採草のことであり、「養畜の事業のための採草」とは、飼料又は敷料にするための採草です。従って、屋根をふくためのカヤの採取等は含まれません。

また、主(注)として採草又は家畜の放牧の目的に供される土地ですから、河川敷、堤防、公園、道路等の一部で耕作又は養畜のための採草、放牧がされていてもそれがその土地の主な利用目的とは認められないので採草放牧地にはなりません。なお、採草をしている土地であっても牧草を播種し、施肥を行い、肥培管理して栽培しているような場合は、採草放牧地でなく農地となります。

二、我が国の農業関係制度における土地の概念としては、農地法に規定する「農地」及び「採草放牧地」（これらを一般に「農地等」といっている場合があります。）を基本として定められています。例えば農振法、農業経営基盤強化促進法や農地中間管理法においては、農地法における「農地」と「採草放牧地」を合わせたものを「農用地」と定義しています。

なお、土地改良法においては農地と採草放牧地のうちから肥料用の「主として耕作の事業のための採草の目的に供される土地」を除いたものを「農用地」と定義しています。

（注） 林木育成の目的に供されている土地が併せて採草放牧の目的に供されている場合に「林木の育成」と「採草放牧」のいずれが主たる利用目的であるかの判定が困難なときは、樹冠の疎密度（空から見た場合の樹木の占める割合）が〇・三以下の土地は主として採草放牧の目的に供されているものと解することとしています（処理基準第1(1)②）。

〔参考〕

各法律における農地等の定義

土地の利用目的＼法律名	農地法	農振法	農業経営基盤強化促進法	農地中間管理法	土地改良法
耕作の目的に供される土地	「農地」	「農用地」	「農用地」	「農用地」	「農用地」
養畜の事業のための採草又は家畜の放牧の目的に供される土地	「採草放牧地」	「農用地」	「農用地」	「農用地」	「農用地」
耕作の事業のための採草の目的に供される土地	「採草放牧地」	「農用地」	「農用地」	「農用地」	／

〔問5〕　登記簿の地目が山林でも、現在耕作していれば農地法の規制があるのでしょうか。

答　農地法では、「農地」とは「耕作の目的に供される土地」、「採草放牧地」とは「農地以外の土地で、主として耕作又は養畜の事業のための採草又は家畜の放牧の目的に供されるもの」としており、いずれも耕作あるいは採草又は放牧に供されるかどうかという土地の現況に着目して規定しています。そして土地の現況が農地又は採草放牧地であるときは、農地法の諸規制を適用することとしています。これが農地法は「現況主義」であるといわれるゆえんです（処理基準第1(2)）。

このことから、登記簿上の地目(注)が山林、原野など農地以外のものになっていても現況が農地又は採草放牧地として利用されていれば農地法の規制等を受けることになるわけです。

（注）　登記簿の地目とは、土地の現況及び利用目的によって定められる土地の用途による区分です。
①　現行登記制度で採用されている地目としては
田…農耕地で用水を利用して耕作する土地
畑…農耕地で用水を利用しないで耕作する土地
宅地…建物の敷地及びその維持もしくは効用を果たすために必要な土地
山林…耕作の方法によらないで竹木の生育する土地
牧場…家畜を放牧する土地

原野…耕作の方法によらないで雑草、かん木類の生育する土地のほか、塩田、鉱泉地、池沼、墓地、境内地、運河用地、水道用地、用悪水路、ため池、堤、井溝、保安林、公衆用道路、公園、鉄道用地、学校用地、雑種地があります。

② 地目は土地の所有者が勝手に決めたものを登記するのではなく、土地の表示の登記の申請及び地目変更の登記の申請を前提として登記官が認定するものですが、地目認定に当たっては、土地の現況及び利用目的に重点を置き、部分的にわずかな差異があるときでも土地全体としての状況を観察して定めるものとされています（不動産登記法第三四条、不動産登記規則第九九条、不動産登記事務取扱手続準則第六八条・第六九条）。

〔問6〕 耕作放棄地も農地法上は農地ですか。

答

「農地」とは、「耕作の目的に供される土地」のことであり（問4参照）、一般的には、現に耕作されている土地といえます。

しかし、耕作者が病気であることなど何らかの事情で一時的に耕作されていない土地もあります。このような休耕地、耕作放棄地といったような土地は、現に耕作されているとはいえませんが、耕作しようと思えばいつでも耕作できるような土地であり、客観的にみてその現状が耕作の目的に供されるものと認められるものについては「農地」に該当します。わかりやすくいいますと、耕耘機やトラクター等を入れればすぐに耕作が可能となる土地は、現況「農地」ということになるわけです。

なお、「農地法の運用について（平成二一年一二月一一日付け二一経営第四五三〇号、二一農振第一五九八号農林水産省経営局長・農村振興局長連名通知）」第4(4)で以下のように通知されています。

> 農地として利用するには一定水準以上の物理的条件整備が必要な土地（人力又は農業用機械では耕起、整地ができない土地）であって、農業的利用を図るための条件整備（基盤整備事業の実施等）が計画されていない土地について、次のいずれかに該当するものは、「農地」に該当しないものとし、これ以外のものは「農地」に該当するものとする。
> (1)　その土地が森林の様相を呈しているなど農地に復元するための物理的な条件整備が著しく困難な場合。
> (2)　(1)以外の場合であって、その土地の周囲の状況からみて、その土地を農地として復元しても継続して利用することができないと見込まれる場合。

〔参考〕休耕地・耕作放棄地に係る裁判例

従来農地として耕作されていた土地を、他の用途に利用すべく二年間休閑地又は不耕作地として放置し、その間一時（二カ月）材木置場として使用されたとしても、耕作しようとすればいつでも耕作しうる状態である土地について、非農地になったとすることはできない（昭三五、八、一七、一一二大阪高等　三三一（ネ）八一一　下民集一一—八—一六二六）。

〔問7〕 耕作放棄地に非農地証明を出す場合があると聞きますがどういうことですか。また、この非農地証明にはどのような効果があるのですか。

答

一、登記簿上の地目が「田」又は「畑」となっている土地について、所有権移転等の登記をしようとする場合には、原則として、農地法の許可があったことを証する情報（許可書等）を添付情報として提供しないと登記ができないことになっています（不動産登記令第七条第一項第五号ハ）。ところが、現況が宅地等農地以外のものである場合には農地法の許可を要しない（問4、問5参照）ので、このような場合はあらかじめ登記簿の地目を農地以外のものに変更する必要があります。

非農地証明というのは、このような地目変更の登記申請に際し添付情報として提供するものです。このように非農地証明は登記に当たって非常に重要なものであり、また、農地法の運用とも深い関わりがあるものですから、非農地証明を出すに当たっては厳重な審査をした上で、明らかに農地法上の農地、採草放牧地以外であると認められるものに限って出すこととされています。

このため所有者から「非農地証明」の依頼があった場合、農業委員会は、次の基準に従って判断し、総会又は部会で議決します。

農地として利用するには一定水準以上の物理的条件整備が必要な土地（人力又は農業用機械では耕起、整地ができない土地）であって、農業的利用を図るための条件整備（基盤整備事業の実施等）が計画されていない土地について、次のいずれかに該当するものは農地に該当しない（農地法運用通知第4⑷）。

ア　その土地が森林の様相を呈しているなど農地に復元するための物理的な条件整備が著しく困難な場合

イ　ア以外の場合であって、その土地の周囲の状況からみて、その土地を農地として復元しても継続して利用することができないと見込まれる場合

なお、農地利用最適化推進委員及び農業委員が三人以上で利用状況調査を実施し、その結果に基づき、再生利用が困難な農地と判断された場合は、農業委員会は、地目変更登記の有無にかかわらず、当該調査後直ちに、非農地として農地台帳から除外するものとするとされています（「非農地判断の徹底について」令和三年四月一日・農林水産省経営局農地政策課長通知）。

〔参考〕

市町村農業委員会が発行する非農地証明について

（昭和二九年〇月〇日・某県農政部長名・農業委員会長宛）

農地を転用し、これを登記しようとする場合には、不動産登記法第三五条第一項第四号の規定[注]により登記申請書に農地法第四条又は第五条の許可証を提出することとなっている。しかるに農地法の許可の対象外である現況農地以外のものでも土地登記簿上の地目が、田、畑、牧場である場合等には以上の登記原因を証する書面として農業委員会が非農地証明を出している。この適切な処理は事務の簡素化に大いに資するものであるが、最近著しく逸脱した行為がなされ、多くの問題を惹起し、中には新聞紙上に大きく報道された不祥事件さえも起している。これらは不当な証明をした農業委員会自体を窮地に追込むこととなるので、左記によりこの取扱いを厳格にし不祥事件の未然防止に努められたい。

記

一　非農地証明は明らかに農地法第二条（休閑地を含む）に該当する土地以外にかぎってなすことができる。従って土地登記簿上の地目が山林、宅地等であっても現況が法第二条に抵触すると認められる土地については農業委員会の証明は違法でありその証明は無効である。

なお、法第二条の農地とは現況による認定であり、耕作放棄地、樹苗育成地、肥培管理している果樹園又は竹林等はすべて農地である。これらのうち判定の困難なものについては県において審査する。

二　非農地証明は最低三名以上の農業委員が現地調査を実施し、非農地であることを確認した後農業委員会の責任において発行し、その旨議事録に明記する。

三　農業委員会は非農地証明三部を作成し一部は申請者に交付し、一部は農業委員会の控とし非農地証明控簿を作製し、一部は県に提出する。県への提出は一カ月毎にとりまとめ、翌月の一〇日までに送付するものとする。

（注）　これは旧法の規定で現行の不動産登記令第七条第一項第五号ハがこれに該当します。

〔問8〕　農地に植林した場合は、いつから農地でなくなるのですか。

答　用材林等にするために農地に苗を植えた場合に、当初は苗も小さく耕作しようと思えばいつでも耕作できる状態にありますので、苗木を植えたということだけで直ちに農地以外の土地になったとはいえません。

しかしながら、農地について用材林地とする目的で樹苗を植栽する行為は、農地を農地以外のものにする行為ですから、あらかじめ農地法第四条又は第五条（問32参照）の農地転用の許可を受けることが必要です。

この場合に、いつから農地以外の土地になるかということですが、それは苗が成長して樹木の様相が森林と変わらない状態となったときです。

したがって、農地法の許可を受けて植林した場合でも、その後このような状態になるまでの間にこの土地を更に転用するとか他に転売するような場合には、再度農地法の許可が必要となります。

〔問9〕 農地法は世帯員等で判断すると言われていますがどういうことでしょう。

答

一、農地法の規制等に当たっては、その農地が十分に耕作され有効に活用されるかどうか等が重要な判断要素になりますが、これらの判定に際しては、農地について権利を有する名義人についてのみ判断するのではなく、その名義人の世帯員並びに二親等内の親族（これらを「世帯員等」といっています。）を含めて判断することとされています（法第二条第二項、法第三条第二項四号、五号）。

このように農地法が世帯員等を対象としているのは、我が国の農業経営の大部分が世帯単位で行われているのが実態ですので、この実態に即して法律を適用しようとしているからです。

二、これは法律の適用に当たっての技術的な規定にすぎず、同一世帯員等間での使用貸借による権利や賃借権の設定等を禁止しているものではありません。

なお、このような場合にも農地法第三条の許可を受ける必要があります。

三、ここでいう「世帯員等」というのは、住居及び生計を一にする親族及び当該親族の行う耕作又は養畜の事業に従事するその他の二親等内の親族としています（農地法第二条第二項）。「親族」とは、六親等内の血族、配偶者及び三親等内の姻族のことです（民法第七二五条）。

「三親等内の姻族」とは、本人と配偶者の血族の三親等まで、および本人の三親等までの血族の配偶者をいいます。

なお、①疾病又は負傷による療養　②就学　③公選による公職への就任　④懲役刑もしくは禁錮刑の執行又は未決勾留などの理由で一時的に住居又は生計を別にした場合でも、住居及び生計を一にするものとみなされます（農地法第二条第二項、農地法施行規則第一条）。

［参考］親族の範囲（数字は親等を表します）

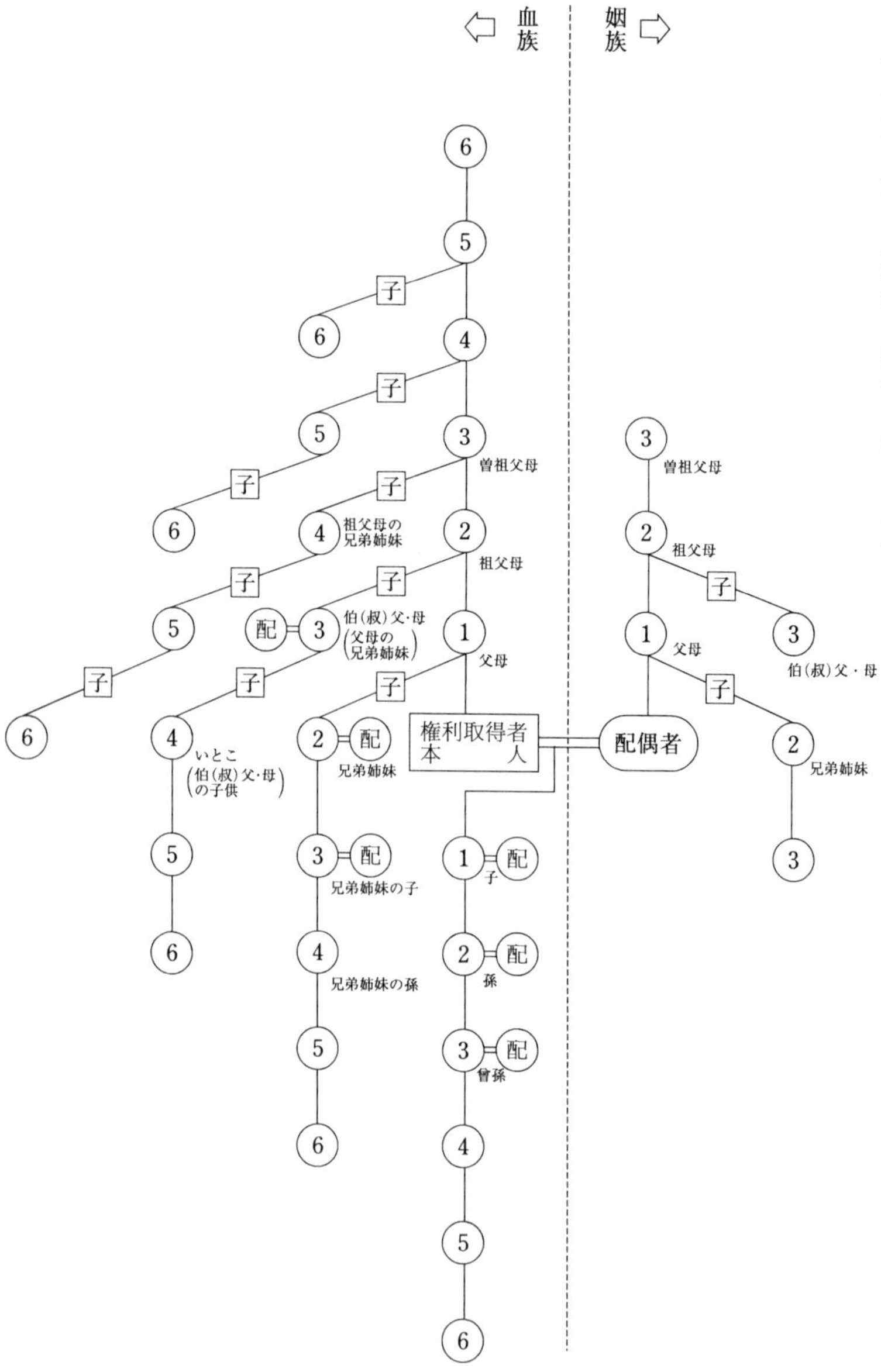

〔問10〕農地法の運用に当たっている農業委員会とはどのような組織ですか。また、農地制度上、どのような役割を果たしているのですか。

答

一、農業委員会とは、「農業委員会等に関する法律」に基づき市町村[注]に置かれる行政委員会であり、その所掌事務の執行に当たって市町村長の指導監督を受けることなく、農地法に基づく許可等の行政事務を行っています。

（注）東京都においては、市に準ずる地方公共団体の特別区に置かれている場合があり、また、市町村区域又は区域内農地面積が著しく大きい北見市、横浜市、新潟市、岡山市においては、市町村に複数置かれています（令和三年六月現在）。

二、農業委員会は、委員をもって組織し、委員の互選により会長を決めることとされています。また、農業委員と農地利用最適化推進委員は、非常勤の特別職の地方公務員となります（農委法第四条第二項、地方公務員法第三条第三項第二号）ので、刑法上公務員として収賄罪等が適用される（刑法第七条、第一九七条等）ほか委員の地位を利用して選挙運動をすることができない（公職選挙法第一三六条の二）等の制約があります。

三、農業委員会が議決すべき事項は、原則として総会で決定されます。

ただし、部会が置かれている場合には、部会の所掌とされている事項についての部会の議決は農業委員会の決定とされます。

総会及び部会の会議は、在任中の農業委員の過半数が出席したときに成立し、議事は出席委員の過半数で決定されます。

四、農業委員会は次のような事務を処理します。

(1) 農業委員会の専属的な権限として行う事務

① 農地法及び農業経営基盤強化促進法により農業委員会の権限とされている農地等の権利移動の許可等、和解の仲介、農用地利用集積計画の決定等

② 土地改良法等で農業委員会の権限とされた農地等の交換分合及びこれに附随する事項等

(2) 専属的権限ではない事項

① 農地等の利用の集積・確保その他の農地等の利用の最適化の推進に関する事項

② 法人化その他農業経営の合理化に関する事項

③ 農業一般に関する調査及び情報の提供

このほか行政上のサービス行為として耕作証明など諸証明の発行なども行っています。

五、農業委員会の役割

農業委員会は、農業者の公的代表組織として農地法の目的を達成する重要な役割を担っています。すなわち、①農地の適正利用を図る「担い手」の育成・確保と農地集積の促進、②美しい農村や都市づくりのために農地転用制度の適正運用、③市町村行政単位での計画的な

土地利用の確保、が大きな役割となります。

具体的に農地法では、①農地等の権利移動の許可（農地法第三条）、②農地所有適格法人以外の法人等からの農地等の利用状況報告の受理（農地法第六条の二）、③相続等により農地等の権利を取得した者からの届出の受理（農地法第三条の三）、④農地転用の許可申請書の受理、許可申請書の送付及び意見書の添付、市街化区域内にある農地の転用の届出の受理等（農地法第四・五条）、⑤農地所有適格法人からの報告の受理（農地法第六条）、⑥農地の利用状況調査（農地法第三〇条）、⑦遊休農地所有者等への利用意向調査（農地法第三二・三三条）、⑧農地の利用関係の調整（農地法第三四条）、⑨農地台帳の作成・公表（農地法第五二条の二・五二条の三）、⑩都道府県知事（指定市町村においては指定市町村の長）に対する違反転用に関する措置の要請（農地法第五二条の四）、等の事務が定められています。

〔問11〕経済社会が高度化し安定している現在、農地の権利移動の統制を行う必要はなくなっているのではないでしょうか。

答

一、農用地が少なく、高密度社会であり、かつ食料自給率の低いわが国において優良な農用地を確保し、その効率的な利用を促進することは、合理的な土地利用と食料の安定的な供給を確保するために必要不可欠の要請です。

二、農地法による農地の権利移動の制限、耕作者の権利保護、農地転用の制限等の諸規制及び遊休農地に関する措置は、不耕作目的、投機目的での農地等の取得を防止し、遊休農地を解消し、農地等が生産性の高い経営体によって効率的に利用されるようにするとともに、農地等の農業上の利用と農業外の利用との調整を行いつつ優良な農用地の確保を図るため重要な役割を果たしています。

三、仮にこれらの規制がなかったとすると、

(1) 無秩序な農地転用が進み、土地のスプロール化を助長し、優良農地の確保が困難となる。

(2) 農地の資産的保有目的、投機目的等による取得を誘発し、農地価格の高騰、農地利用の非効率化、遊休農地化をもたらし、経営規模の拡大、農地の効率的利用を阻害する。

(3) 耕作者の権利が不安定なものとなり、借地により経営規模の拡大を図る農業者の経営を不安定にする。

というような問題が生じます。

四、農地法はこのような事態が生ずることを防ぐ役割を果たしており、農業を取り巻く内外の厳しい諸情勢の中で国内の農業生産の増大、食料の安定的供給が唱えられている今日、農地法による諸規制は極めて重要な意義を有しているといえます。

Ⅱ　耕作目的での農地の権利移動

〔問12〕　耕作目的での農地の権利移動の実態はどうなっているのですか。

答

一、農地の権利移動は、大きく分けて所有権移転によるものと貸借によるものに分かれますが、このうち、経営規模の拡大につながる主な権利移動をみると、売買によるものと貸借によるものとを合わせて平成一六年から年間一五万ヘクタールを超える農地が流動化しており、平成三〇年には二五万二千ヘクタールとなっています。

二、売買によるものは農地価格が高いこと、農地を資産として保有する傾向が強いことなどから、貸借に比べ少なく、近年は三万ヘクタール前後で推移しており、平成三〇年は三万ヘクタールとなっています。一方、貸借によるものは、期間満了後必ず返還される等農地を貸し易い制度である農業経営基盤強化促進法によるものが平成三〇年には一八万一千ヘクタール、農地中間管理法によるものが三万四千ヘクタールとなっています（次頁参照）。

農地の権利移動面積の推移

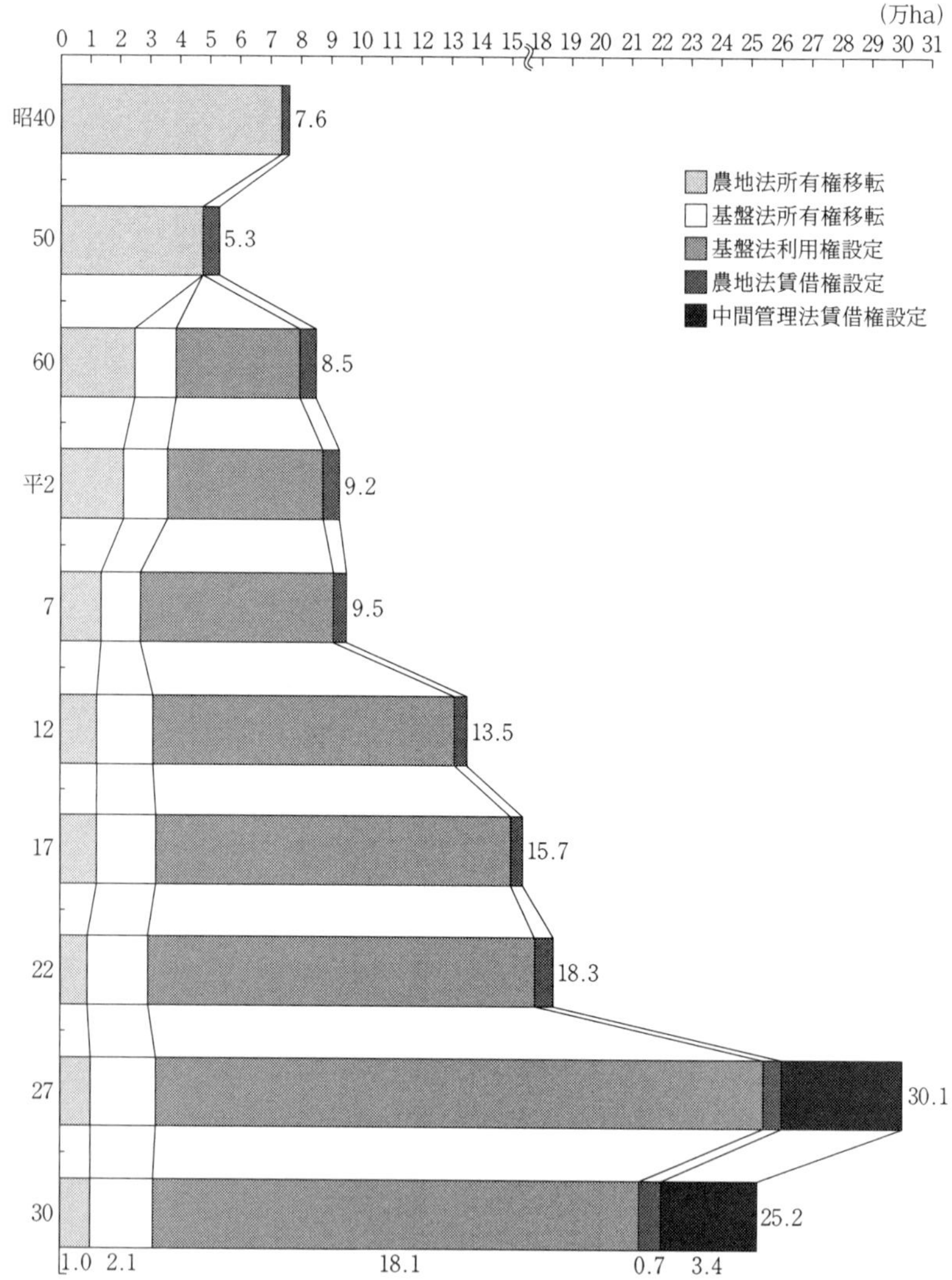

資料：農林水産省「農地の移動と転用（農地の権利移動・借賃等調査)」による。
注：「権利移動面積」には、経営規模の拡大に直接結びつかない農地法に基づく使用貸借による権利設定、貸借地所有権移転、自作地無償所有権移転等は含まない。

〔問13〕　耕作目的で農地を買ったり借りたりする場合にはどのような手続きが必要でしょうか。

答　一、一般に土地を買ったり借りたりする場合には、売主（貸主）と買主（借主）が売買（貸借）契約を締結し、買主がその代金を支払って土地の所有権（賃借権等）を取得することになります。

しかし、耕作目的で農地を売買又は貸借する場合、農地法第三条により農業委員会の許可を受ける必要があり、この許可を受けないでした売買（貸借）は効力が生じないとされています（農地法第三条第六項）。

したがって、農地について売買（貸借）契約を締結し、対価を支払ったとしても、農地法による許可が受けられないと所有権（賃借権等）は取得できませんので、契約を締結するときはこのことを十分に理解した上で行うことが必要です。

二、農地法第三条の申請手続き（注）は次のとおりです（許可の基準については問14を参照して下さい）。

なお、農業経営基盤強化促進法の農用地利用集積計画及び農地中間管理法の農用地利用配分計画の定めるところにより農地等について権利の設定、移転を行う場合には農地法第三条の許可は不要です（問80、中間9・⑵・②・エ参照）。

許可の手続き

（注）申請書の様式等は巻末附録にあります。

・申請書には当事者が連署する

・登記事項証明書を添付する

〔問14〕　耕作を目的とする農地の売買、貸借の場合の許可の判断はどのようにされるのですか。

答　農地を売買あるいは貸借する場合には、農地法第三条第一項により農業委員会の許可が必要ですが、農地法においては、この申請があったときに許可してはならない場合を明らかにしています（農地法第三条第二項・第三項）ので、農業委員会等はこれに基づき許可又は不許可を判断します。具体的な基準は次のようになっており、これらのいずれかに該当するときは許可されません。

Ⅰ　一般の基準（第二項）

① 耕作又は養畜の事業に必要な機械の所有の状況、農作業に従事する者の数、技術等からみて、権利を取得しようとする者（その世帯員等を含みます。）が農業経営に供すべき農地の全てについて効率的に利用して耕作等をすると認められない場合（第一号）。

この基準は自ら（その世帯員等を含みます。）農地の全てを効率的に利用して耕作等をしないで、耕作放棄をしたり、他人に転売したり、貸し付けたりするために権利を取得しようとすることを防止するためのものです。

この判断に当たっては、農地等の権利を取得しようとする者又は世帯員等が許可の申請の際現に使用収益を目的とする権利を有している農地等のうちに、生産性が著しく低いもの、地勢等の地理的条件が悪いものその他のその地域における標準的な農業経営を行う者が耕作又は養畜の事業に供することが困難なものが含まれている場合には、当該農地等について、今後の耕作に向けて草刈り、耕起等当該農地等を常に耕作し得る状態に保つ行為が行われていれば、当該農地等の全てを効率的に利用して耕作又は養畜の事業を行っていると認められます（処理基準第3・3⑵）。

なお、貸借されている農地について借主又はその世帯員等以外の者が所有権を取得する場合は、当該農地を耕作できないことから不許可になりますが、相当の事由があるときは例外的に許可されます。この場合の相当の事由とは、取得する者及びその世帯員等の耕作又は養畜の事業に必要な機械の所有状況、農作業に従事する者の数などからみて次に該当するときです。

ア　許可申請の際、現に取得する者又はその世帯員等が耕作等に供すべき農地の全てを効率的に利用して耕作等を行うと認められること。

イ　取得する農地についての所有権以外の権原の存続期間の満了その他の事由により取得者又はその世帯員等がその農地を自ら耕作等に供することが可能となる時期が明らかであり、可能となった場合において、取得者等が耕作等に供すべき農地の全てを効率的に利用して耕作等を行うことができると認められること。

この判断の際には、耕作している者に対して継続の意向を確認し、取得者の耕作が可能となる時期が一年以上先である場合には取得を認めないことが適当であるとされています。

ただし、農地所有適格法人に使用及び収益を目的とする権利が設定されている農地等について、当該法人の構成員にその所有権を移転しようとする場合にあっては、当該法人が引き続き当該農地等の全てを効率的に利用して耕作又は養畜の事業を行うと認められるときに限り、当該構成員が自らの耕作又は養畜の事業に供することが可能となる時期に関わらず、所有権の取得が認められます（処理基準第3・3(4)）。

（注）「農業経営に供すべき農地」とは、権利を取得しようとする農地、既に所有している農地、他人に賃している農地にあっては返還を受けられない農地以外の農地、借り入れている農地、つまり耕作する権原のある農地のことをいいます。

② 農地所有適格法人（問26参照）以外の法人が権利を取得しようとする場合（第二号）

なお、農地所有適格法人以外の一般の法人が解除条件付の使用貸借による権利又は賃借権を取得する場合は次のⅡの解除条件付貸借（第三項）の基準になり、この要件は適用されません。

また、農地所有適格法人以外の法人であっても例外的に許可できる場合があります（農地法施行令第二条。問25参照）。

③ 信託の引受により権利が取得される場合（第三号）

これは、農業協同組合法による信託の引受け又は農業経営基盤強化促進法に基づく信託事業を行う農業協同組合又は農地中間管理機構の信託の引受けによる所有権取得の場合及びその信託事業の終了により委託者又はその一般承継人が所有権を取得する場合は農地法の許可を不要とし、それ以外の信託会社、信託銀行等が農地等の信託を引受けることを認めないこととしたものです。

④　権利を取得しようとする者（その世帯員等を含みます。）が農業経営に必要な農作業に常時従事すると認められない場合（第四号）

この判断に当たっては年間一五〇日以上農作業に従事している場合は常時従事していると認められます。一五〇日未満であっても、必要な農作業がある限り、農作業に従事していれば、短期間に集中的に処理しなければならない時期に他に労働力を依存しても常時従事していると認められます。

⑤　権利取得後の経営面積が北海道では二ヘクタール、都府県では五〇アール（営農条件がおおむね同一と認められる地域で、一定の基準（農地法施行規則第一七条）に従い農業委員会が別段の面積を定めた地域については、その面積。これらを「下限面積」といいます。）未満である場合（第五号・問21参照）

ただし、次の場合は下限面積未満でも許可できることとされています（農地法施行令第二条第三項）。

ア　権利の取得後の経営が、草花等の栽培で集約的なものであると認められる場合
イ　農業委員会のあっせんに基づく交換の場合で、交換の一方の者の権利の取得後の経営面積が下限面積を下回らないと認められる場合
ウ　農地の位置、面積、形状からみて、隣接農地と一体的に利用しなければ利用することができない場合であって、隣接農地を耕作している者が、当該農地の権利を取得する場合
　これらの特例を認めているのは、稲作等の通常の経営に比べて労力や生産費用を多くかけ小面積で高収益を得ることができる場合、農業委員会のあっせんにより適格農家の農地の集団化を促進するなど農業経営の合理化に資する場合、地形が細長いなどその農地だけでは独立して利用できない場合など特別の理由に基づくものです。

　このほか、地方公共団体が公用・公共用の目的に供するため権利を取得する場合等（問25参照）も下限面積未満でも許可されます。
⑥　所有権以外の権原に基づいて耕作等の事業を行う者がその土地を、貸し付け、又は質入れしようとする場合（第六号）
　ただし、事業を行う者又はその世帯員等の死亡により一時貸し付けようとする場合、世帯員等に貸し付けようとする場合、水田裏作のため貸し付けようとする場合及び農地所有適格法人の常時従事者たる構成員がその土地をその法人に貸し付けようとする場合は、許可されます。

⑦　取得後に行う耕作等が農地等の位置、規模からみて、農地の集団化、農作業の効率化その他周辺の地域における農地等の農業上の効率的かつ総合的な利用に支障が生ずるおそれがあると認められる場合（第七号）

Ⅱ　解除条件付貸借の基準（第三項）

農地について使用貸借による権利又は賃借権が設定される場合で、次の要件の全てを満たすときは、個人及び一般法人に対して許可することができます。

①　権利を取得しようとする者が取得後において農地を適正に利用していないと認められる場合に使用貸借又は賃貸借の解除をする旨の条件が書面による契約において付されていること。

②　権利を取得しようとする者が地域の農業における他の農業者との適切な役割分担の下に継続的かつ安定的に農業経営を行うと見込まれること。

③　権利を取得しようとする者が法人である場合、業務を執行する役員又は省令で定める使用人のうち一人以上の者がその法人の行う耕作又は養畜の事業に常時従事すると認められること。

④　①～③のほか、Ⅰの一般の基準の①、③、⑤、⑥、⑦が適用されます。

〔問15〕　農家が耕作目的で農地を買ったり借りたりする場合にどのような支援措置がありますか。

答　一、零細な圃場を分散して所有し、零細な農業経営を行っている我が国農業の構造的特質を改善し、合理的な農地保有に基づき生産性の高い、近代的な農業経営を育成するため、農業経営の規模の拡大と農用地の集団化等を進めることが、我が国の農業政策上の重要な課題です。

そこで、経営規模の拡大と農地等の効率利用を促進するため、農業経営改善計画の認定を受けた者などが農地等の権利を取得する場合には、次のような支援をしていますので、これらの制度を上手に活用し、経営規模の拡大を進めるとよいでしょう。

二、具体的な助成内容

(1)　農地等を買う場合

①　農地等の取得に係る株式会社日本政策金融公庫の融資

農地等を購入する場合には、株式会社日本政策金融公庫から次の長期低利の資金を借り受けることができます。

ア　農業経営基盤強化資金（スーパーL資金）

(ア) 利　　率　借入時の金利は、金融情勢により変動します。最新の金利は、融資機関に照会ください。
(イ) 償還期間　二五年以内（据置期間一〇年以内）
(ウ) 貸付限度額
個人　　三億円（特認　六億円）
法人　一〇億円（特認　民間金融機関との協調融資の状況に応じ三〇億円）
（このうち経営の安定化のための資金の融資限度額は、個人六、〇〇〇万円（特認　一億二千万円）、法人二億円（特認　一定の場合六億円））
(エ) 貸付対象者
農業経営基盤強化促進法の農業経営改善計画の認定を受けた者。
※実質化された人・農地プランの中心経営体として位置付けられた等の認定農業者が借り入れる本資金（負債整理等長期資金は除く。）については、（公財）農林水産長期金融協会からの利子助成により、貸し付け当初五年間実質無利子
イ　経営体育成強化資金
このほか、経営体育成強化資金も農地等の所有権又は利用権の取得をする場合に活用することができます。

経営体育成強化資金は、経営発展に必要な前向き投資資金又は償還負担の軽減のため

に必要な資金を一体的に長期低利で融通する資金です。

(ア)　利　　率　借入時の金利は、金融情勢により変動します。最新の金利は、融資機関に照会ください。

(イ)　償還期間　二五年以内（うち据置期間三年以内）

(ウ)　貸付限度額　㋐～㋒の範囲内でかつその合計が個人　一億五、〇〇〇万円
法人・団体　五億円

㋐　前向き投資　負担額の八〇％

㋑　再建整備
個人　一、〇〇〇万円（特認一、七五〇万円、特定二、五〇〇〇万円）
法人　四、〇〇〇万円

㋒　償還円滑化
経営改善計画期間中の五年間（特認の場合一〇年間）において支払われる既往借入金等に係る負債の各年の支払金の合計額に相当する額

(エ)　貸付対象者
農業を営む個人、法人・団体であって、経営改善資金計画又は経営改善計画を融資機関に提出した者

(オ)　資金の使途

㋐ 前向き投資

i 農地等の取得のほか改良・造成も対象となります。

ii 農産物の生産、流通、加工、販売等に必要な施設、機械などが対象となります。

iii 家畜・果樹等の購入、新植、改植費用のほか、育成費も対象となります。

iv 農地の利用権を取得する場合における権利金などの一括払が対象となります。

㋑ 償還負担軽減

i 農地等の取得、改良、造成や農業経営に必要な資材、施設などの取得、設置のために生じた負債（制度資金等を除く）の整理に必要な資金

ii 既往借入金等の負債（制度資金、土地改良事業負担金など）に係る支払いの負担を軽減するために、経営改善計画期間中の当該負債の支払いに必要な資金

② 税制上の特例

ア 登録免許税の税率の軽減（適用期限令和五年三月三一日）

農業経営基盤強化促進法に基づく利用権設定等促進事業により、認定農業者等が農業振興地域の農用地区域内の農用地等を取得した場合に、所有権の移転登記に際して課される登録免許税（国税）は、不動産の登記時の価格（原則、固定資産課税台帳の価格）の一、〇〇〇分の一〇に軽減されます（通常は一、〇〇〇分の二〇）。

イ 不動産取得税の課税標準の特例（適用期限令和五年三月三一日）

農業経営基盤強化促進法の規定による公告があった農用地利用集積計画により農業振興地域内の土地を取得した場合には、不動産の取得に対して課される不動産取得税（都道府県税）は、農用地区域内の土地については課税標準価格（原則、固定資産課税台帳の価格）の三分の一相当額が価格から控除されます。

(2)　農地等を贈与、相続した場合

贈与税・相続税に係る税制上の特例措置（問61参照）。

ア　贈与税の納税猶予制度

農業を経営する個人（贈与者）から、その推定相続人のうち農業経営を継続する一人（認定農業者に限ります。）が農地等の生前一括贈与を受けた場合、その贈与に伴い課される贈与税は、贈与者の死亡の日まで納税が猶予され、贈与者又は受贈者のいずれかが死亡したときに免除されます。

なお、一般的に贈与税納税猶予を受けている農地等を譲渡・転用・貸付け等をした場合、猶予が打ち切られますが、農業経営基盤強化促進法等に基づき貸付ける場合は猶予が継続する等の特例措置が設けられています。

また、贈与税の申告から一〇年（特例適用時に六五歳未満である場合には二〇年）以上営農を継続している場合に限り、

①　農地の貸付けを行っても納税猶予が継続する措置

② 農地を農業経営基盤強化促進法に基づく事業による納税猶予の適用を受けている農地等の総面積の二〇％を超える譲渡を行っても全部確定事由としない措置の特例が措置されています。

イ 相続税の納税猶予制度

被相続人がその者の農業の用に供していた農地等（アの生前一括贈与に係る農地等を含む）を相続又は遺贈により取得し、農業の用に供していく場合には、その農地等の価格のうち、農業投資価格を超える部分に対応する相続税について納税猶予の適用が受けられ、相続人が死亡した場合には、猶予税額が免除されます。

なお、贈与税の納税猶予と同様に、納税猶予を受けている農地等を譲渡・転用・貸付け等をした場合、猶予が打ち切られますが、農業経営基盤強化促進法等に基づき貸付ける場合は猶予が継続します。

なお、この納税猶予措置は、経営している農地だけでなく農業経営基盤強化促進法等で貸している（「特定貸付け」といいます。）農地についても適用対象（終身継続）となります。

ウ また、相続税と贈与税を一体化して取り扱う「相続時清算課税制度」も設けられています。詳しくは最寄りの税務署等でおたずね下さい。

〔問16〕　担い手の経営規模拡大ということが言われていますが、担い手に農地を手放した場合にはなにかメリットがありますか。

答

一、稲作等の土地利用型農業部門の経営規模の拡大と生産性の向上を図るためには、農地の流動化とその利用集積を図ることが必要です。

このため、経営規模を縮小する等の事情により農地を手放そうとする農家が、安心して、かつ有利な条件で担い手に権利を設定、移転できるように、次のようなメリットを措置しています。

二、農地を売ろうとする場合の税制上の特例（問60参照）

①　特例農用地利用規程に基づき農地を譲渡した場合

農用地区域内の農用地を農業経営基盤強化促進法の特例農用地利用規程に基づき、農地中間管理機構に譲渡した場合、所得税及び法人税の課税対象額を譲渡所得から二、〇〇〇万円を控除したものとすることができます。

②　農地中間管理機構の買入協議に基づき譲渡した場合

農業経営基盤強化促進法に基づく農地中間管理機構の買入協議により農用地区域内の農用地を農地中間管理機構に譲渡した場合、所得税及び法人税の課税対象額を譲渡所得から

一、五〇〇万円を控除したものとすることができます。

③　農業経営の規模拡大等に資する農地の譲渡

農用地区域内の土地等を農業経営基盤強化促進法の農用地利用集積計画の定めるところにより譲渡した場合、農業委員会による農地移動適正化あっせん事業により譲渡した場合、農地中間管理機構に農地売買等事業により譲渡した場合など農業経営の規模の拡大等に資する形で農地等を譲渡した場合には、譲渡所得は、譲渡益から八〇〇万円を控除したものとすることができます。

三、農地の売買等を行う場合には、事前に、市町村、農業委員会、農協等によく相談し、それぞれの制度の仕組みを十分理解した上で、安全かつ有利に権利移動をして下さい。

〔問17〕　農地を相続する場合には農地法の許可がいるのでしょうか。また、遺産分割の場合はどうでしょうか。

答

一、農地法第三条の許可の対象とされているのは、売買契約、賃貸借契約等の法律行為に基づく所有権の移転や賃借権等の設定又は移転です。

ところが、相続は被相続人の死亡によって相続人が被相続人の権利義務を承継するものであり、一般の売買、貸借のように権利の設定又は移転のための法律行為がないことから、農地法第三条の許可の対象とはなりません。

二、また、遺産分割は、相続人が二人以上いて共同相続となった場合には、民法上は各共同相続人は一旦相続分に応じて被相続人の権利義務を承継しますが、その後に遺産分割が行われると相続開始のときにさかのぼって分割の効力が生ずるとされています。このように遺産分割は、相続財産を具体的に確定するための手段にすぎないことから、農地法第三条の許可を要しないこととされています（第三条第一項第一二号）。

なお、遺産分割により農地の所有者となったものが、その後、他の相続人に所有権の移転をしようとする場合には、この例外規定には該当しないので、農地法第三条の許可が必要となります。

また、相続（遺産分割、包括遺贈及び相続人に対する特定遺贈を含みます。）をした場合は、その旨を農業委員会に届け出る必要があります（第三条の三）。

〔問17の2〕　特定遺贈の場合も農地法第三条の許可がいるのでしょうか。

答　遺贈というのは、遺言により遺産を特定の者に無償で譲渡するものです。この遺贈には、①例えば「自分の財産の三分の一を譲る」というように遺産の全部または抽象的割合を示し、遺産分割を経て権利が確定する『包括遺贈』と、②例えば「字○○△△番田×××

㎡の土地を譲る」というように遺産の中で目的物を特定して遺産分割を経ずに権利が確定する『特定遺贈』とがあります。

このうち①の『包括遺贈』については、これを受ける者は相続人と同一の権利義務を有し（民法九九〇条）、相続と同様の関係であることから農地法第三条の許可を受けなくてよいとされています。これに対して②の『特定遺贈』については、目的物が確定した譲渡であることから、これによる農地の権利移転についてはこれまで農地法第三条第一項の許可を受ける必要があるとして取り扱われてきました。

この特定遺贈に関し農地法第三条の許可の要否について、最近争われた裁判（京都地裁第一審判決二〇一二・五・三〇、大阪高裁判決二〇一二・一〇・二六）で「…その生じる結果をみると、実質的には直接分割による権利移動と異ならない…」などの理由から農地法第三条第一項の許可を要しないと解する旨判決されました。

これに伴い農林水産省は①の『包括遺贈』と同様に、②の『特定遺贈』のうち「相続人に対する」ものについても許可不要とする農地法施行規則改正を平成二四年一二月一四日に公布・施行しました。

なお、相続人に対する特定遺贈は農地法第三条の許可不要となりましたが、同法第三条の三の農業委員会への届け出は、包括遺贈と同様必要とされています。

〔問18〕　農業者年金を受給するため同居の息子に農地を貸して経営を継承する場合も農地法の許可がいるのでしょうか。

答　農地法第三条では、農地の所有権を移転したり、賃借権、使用貸借による権利等を設定し又は移転する場合には、農業委員会の許可を要することとしていますが、これは世帯内でこれらの権利の設定・移転をする場合も同様です。

従って、後継者に経営を継承して農業者年金を受給する場合には、後継者に農地の所有権を移転するか、賃借権、使用貸借による権利等を設定又は移転することになりますので、農地法の許可を受けることが必要になります。

〔問19〕　市街化区域内の農地を耕作目的で買ったり借りたりする場合にも農地法の許可が必要でしょうか。

答　一、都市計画法に基づく市街化区域とは、計画的に市街化を図るべき区域として設定されるものです。その設定に当たっては、市街地としての都市的土地利用と、農業上の土地利用との調整を図る必要があるので、国土交通大臣と農林水産大臣が協議することになっています。

二、このような市街化区域の性格から農地法では市街化区域内の農地の転用又は転用目的での農地の取得については、農業委員会に対し届出をすれば足りることとされています。

三、しかし、都市の農地は野菜等の供給基地等として重要な役割を果たしており、平成二七年に制定された都市農業振興基本法では「あるべきもの」として位置づけています。市街化区域内の農地とはいえ、このように農業上に利用することを目的として権利の設定または移転する場合には、あくまでも農業上効率的に利用される必要があるので、農地法第三条の許可を受ける必要があります。

四、なお、市街化区域であっても生産緑地を都市農地貸借円滑化法に基づいて借りる場合には、農地法第三条の許可は不要です。

〔問20〕 農家以外の者が新たに農業を始める場合、農地法上はどのような要件を満たすことが必要ですか。

答 農家以外の者が新たに農業を始めるため、農地を買ったり又は借りたりする場合にも、農家が取得する場合と同様に、農地法第三条により農業委員会の許可を受けることが必要です。

この許可に当たっては、申請者が現在非農家であることをもって許可されないということはありませんが、農地法第三条の許可の要件を満たさないと許可されません（問14参照）。これは、自ら耕作することを目的としない者の農地取得を排除し、農地の効率的利用を図るという社会的要請は、現に農業を営んでいる者の場合であっても、非農家であっても異ならないからです。

したがって、サラリーマン等の非農家が新たに農業に参入する場合でも、農地法第三条第二項あるいは第三項の要件を満たせば、農業委員会の許可を受けて農地を買ったり、借りたりすることができますが、農業経営を営むということは、家庭菜園で自家用の野菜をつくるのとは異なりますから、農業についての実際の知識、農機具の確保、経営の進め方等をどのようにするかなど農業経営の実現性について十分に検討する必要があると思います。

〔問20の2〕　外国人の農地取得の場合の取扱いはどうなっているのでしょうか。

答　農地等の権利を取得する場合、農地法第三条第一項に基づく農業委員会の許可等を受ける必要がありますが、日本国籍を有することは要件となっていませんので、外国人であっても同条の許可の要件を満たすことができれば、農地の権利を取得することは可能です。この要件を満たすかどうかについては、まず日本に居住していない外国人の場合、住所地から農地までの距離等からみて取得する農地を、取得しようとする者またはその世帯員等が効率的に利用して耕作などの事業を行うと認められないため、農地の権利を取得することができないと考えます。

次に、日本に居住している外国人の場合、在留資格の種類に応じて行うことのできる行為が制限されており（「出入国管理及び難民認定法」（入管法）第二条の二）、在留外国人のうち農業ができるのは、①「経営・管理」の在留資格を取得している者、②「永住者」、「日本人の配偶者等」、「永住者の配偶者等」、「定住者」の在留資格を持つ者、に限られますので、これ以外の者は農地の権利取得ができないことになります。

なお、法人の場合、海外の企業であっても農地法の規定する農地所有適格法人の要件を満たした場合には農地の取得が可能ですが、一般的に海外の企業が農地所有適格法人の組織形態、議決権、役員などの要件を全て満たすことは難しいと考えます。解除条件付貸借の場合はこのような法人要件はありませんので、賃借権等の取得ができます。

〔問20の3〕 新しく農業を始めたいと思っていますが、どこに相談したらよいでしょうか。

答

一、サラリーマン等が新しく農業を始めようとする場合、取得可能な農地がどこにあるか、農業技術はどこへ行けば教えてもらえるか等々いろいろな問題にぶつかります。

新規就農希望者のこのような問題に対応するため、農林水産省では、取得できる農地の情報等をもとに就農についての相談を進め、少しでも就農をしやすくすることをねらいとした補助事業を実施しています。

二、具体的には、全国農業会議所に「全国新規就農相談センター」を置き、都道府県段階に都道府県青年農業者等育成センターと都道府県農業会議で構成する「都道府県新規就農相談センター」を設置し、両相談センターが協力・連携して①取得可能な農地等新規就農に必要な各種の情報を収集し、②新規就農希望者への相談は、全国新規就農相談センター及び都道府県新規就農相談センターにおいて①で収集した各種の情報をもとに対応しています。

○全国新規就農相談センター

〒一〇二-〇〇八四　東京都千代田区二番町九-八　中央労働基準協会ビル２F

TEL　03（6910）1133　https://www.be-farmer.jp

〔問21〕　耕作するために農地を買う場合には経営面積が一定面積以上にならないと許可されないと聞きますが、どうしてですか。

答

一、農地の売買等の許可基準の一つに「農地の権利取得後の経営面積が原則として都府県五〇アール、北海道二ヘクタール以上になること」という規定（農地法第三条第二項第五号）があります。これは一般に下限面積制限といわれているものですが、この基準は次のような理由で設けられています。

(1)　新たに農地を取得した後においてもなお下限面積に満たないような零細経営の農家は、多くの場合農業で自立することはできず、農業の生産性も低く、農業生産の発展と農用地の効率的な利用が図られにくいこと

(2)　限りある農地の効率的な活用を図っていくためには、農業者として農業経営に対する意欲と能力がある人に優先利用させ、零細なわが国農業経営の規模拡大と構造改善に資することが国の施策として重要であること

二、なお、地域の平均的な経営規模がかなり小さい地域などで、この下限面積を一律に適用することが実情に適しない場合には、農業委員会が農林水産省令で定める基準に従い、その区域の全部又は一部について五〇アール（北海道では二ヘクタール）以下の別段の面積を定め、これを公示したときは、この公示された面積が下限面積とされます。

三、また、権利の取得後における耕作の事業が草花等の栽培でその経営が集約的に行われると認められる場合等には、下限面積に満たない場合でも他の基準を満たしていれば例外として農地法第三条の許可を受けることができます（農地法施行令第二条第三項）。

四、さらに、地域再生法では「農地付き空き家」の取り組みを一層促進する観点から、市町村が作成する移住促進のための事業計画に農業委員会が同意することによって、農地取得の下限面積の例外を定めることができる仕組みが設けられています（地域再生法第一七条の五

六)。この場合、農業委員会の公示手続きは不要とされています。

〔問22〕　サラリーマン向けの市民農園を開設したいのですが、どのような点に注意すればよいでしょうか。

答　一、最近、都市住民が趣味として農業に親しもうとする要望が強いことから、貸農園、ホビー農園、レクリエーション農園等いろいろな名称で呼ばれている市民農園が、都市近郊を中心として数多く開設されています。

二、このような市民農園を開設する方法ですが、当該農地の適切な利用を確保するための方法等を定めた「貸付協定」を市町村と締結した上で市民農園整備促進法に基づいて市町村の認定を受けて開設する方法、特定農地貸付法に基づいて農業委員会の承認を受けて開設する方法があります。このほか、生産緑地で「農地を持たない法人等」が開設する場合には、都市農地貸借円滑化法に基づいて市町村と協定締結及び農業委員会の承認を得て特定都市農地貸付けにより開設することもできます。

なお、農地の貸借をしないで、入園者が収穫等農作業の一部を行う農園利用方式で開設する場合は、特別な手続きは必要ありません。

農園利用契約書例

（目　的）

第1条　この契約書は、○○○○（以下「甲」という。）が開設する市民農園において○○○○（以下「乙」という。）が行う農作業の実施に関し必要な事項を定める。

（対象農地）

第2条　本契約の対象となる農地（以下「対象農地」という。）の位置及び面積は、別紙のとおりとする。

（農作業の実施等）

第3条　乙は、甲が対象農地において行う耕作の事業に必要な農作業を行うことができる。

2　乙は、農作業の実施に関し甲の指示があったときは、これに従わなければならない。

3　乙は、対象農地において農作物を収穫することができ、収穫物は乙に帰属する。

4　甲の責めに帰すべき事由により対象農地における収穫物が皆無であるか、または著しく少ない場合には、乙は甲に対し、その損失を補填すべきことを請求することができる。

（料金の支払）

第4条　乙は、料金○○○○円を毎年　　月　　日までに、甲に支払わなければならない。

（契約期間）

第5条　本契約の期間は、　年間とする。（注：5年以内とすることが望ましい。）

（契約の解除）

第6条　次の各号に該当するときは、甲は契約を解除することができる。

(1)　乙が契約の解除を申し出たとき

(2)　乙が契約に違反したとき

(3)　乙が○カ月にわたり農作業を行わないとき

（料金の不還付）

第７条　契約が解除されたときには、乙が既に納めた料金は還付しない。

ただし、次の各号に該当するときは、甲はその全部又は一部を還付することができる。

⑴　乙の責めに帰すべきでない理由により農作業ができなくなったとき

⑵　その他甲が相当な理由があると認めたとき

（その他）

第８条　本契約書に規定されていない事項については、甲及び乙が協議して定める。

令和　　年　　月　　日

甲　住所

氏名　　　　　　㊞

乙　住所

氏名　　　　　　㊞

（本契約書は、二通作成し、それぞれ各一通を所持すること。）

別紙

農園利用の対象となる農地

1　位置

1	2	3	4	5	6	7	8	9	10
11	12	13	14	15	16	17	18	19	20

（注）　農園利用の対象となる農地の位置は、区画の番号を斜線で表示する。

2　区画番号○○の面積　　　　　m^2

三、なお、特定農地貸付けによる場合等については、特定農地貸付法、市民農園整備促進法及び都市農地貸借円滑化法の説明（市民農園関係　市民1～市民16）を参照して下さい。

〔問23〕農地法の許可を受けずに農地を売買した場合、どうなるのでしょうか。

答

一、農地を売買（貸借についても同じです。）するときは、耕作目的の売買である場合には農地法第三条による農業委員会の許可を、農地以外に転用しようとする目的の売買である場合には同法第五条による都道府県知事（指定市町村においては指定市町村の長）の許可（市街化区域内にある農地の場合は農業委員会への届出。以下「許可等」といいます。）を受けることが必要です。

この許可等を受けないで売買契約をし、代金を支払い、農地の引渡しを受けたとしても、法律上はその所有権の移転は効力を生じない（農地法第三条第六項、第五条第三項）ので、依然として所有権は売主にあることになります。

二、また、土地の売買をしたときは、通常、所有権移転の登記をしますが、農地の所有権移転登記の申請書には、農地法の許可等があったことを証する情報を添付情報として提出しなければならないこととされています（不動産登記令第七条第一項第五号ハ）ので、この許可等がないと登記もできない（申請しても却下される）ことになります。

三、更に、農地法の許可等を受けずに農地の売買等をした場合には、農地法違反として、三年以下の懲役又は三〇〇万円以下（転用売買等違反・法人一億円以下）の罰金という罰則が課される場合もあります（問70参照）。

〔問24〕 農地の価格はどれくらいですか。農地の価格について何か規制があるのですか。

答

一、農地の売買価格は、田か畑かという土地の種類、どのくらいの生産力を有するかという土地の優劣、市街化区域内にあるのか農用地区域内にあるのかという土地の位置、農地として利用するのか宅地等として利用するのかという利用目的等によって大きく異なりますが、全国農業会議所の調査(注)（令和二年）によれば、次のとおりです。

(1)　耕作目的での農地の売買で、農用地区域内において行われるものの一〇アール当たりの価格は、全国平均では、中田（通常の生産力のある田）一一三万三千円、中畑（通常の生産力のある畑）八三万八千円です。

地域的には、北海道（中田二四万二千円、中畑一一万五千円）では平均よりもかなり安く、関東（中田一三九万三千円、中畑一五二万九千円）、東海（中田二二四万九千円、中畑二〇四万八千円）、北陸及び長野（中田一三二万三千円、中畑九〇万八千円）、近畿（中田一九四万二千円、中畑一三九万六千円）、四国（中田一六九万六千円、中畑九五万五千円）

などでは平均よりも高くなっています。

(2) 宅地に転用する目的での農地の三・三平方メートル当たりの価格（参考）は、全国平均でみると、市街化区域内では、田一七万四千円、畑一七万八千円、市街化調整区域内では、田六万三千円、畑六万一千円、都市計画の線引きのないところでは、田四万円、畑三万九千円となっています。

（注） 日本不動産研究所も同じく農地価格を調査しており、全国で、普通品等の一〇アール当たりで令和元年には田七〇万二千円、畑四三万円、令和二年には田で六八万九千円、畑で四二万五千円となっています。
　二つの調査結果の間には昭和三〇年代までは大きな乖離はありませんでしたが、四〇年代になって乖離が次第に大きくなっています。これは、不動産研究所の調査が耕作目的の価格を厳密に把え、宅地見込価格等農地転用の影響が強くみられる高額な価格を除外して平均価格を算出しているのに対し、全国農業会議所調査では、このようなことを行わず区域区分別に平均価格を算出しているからです。このような農地価格についての把え方の相違が両調査結果相互の乖離の原因となっています。

二、農地の取引価格については特別の規制はありませんが、総合的な地価対策として、

(1) 都市計画法等による土地利用区分にしたがって合理的な土地利用が図られるよう、農業以外の土地需要との間で土地利用の調整を行うこと

(2) 農地の権利移動規制等の適正な運用により、投機的取引の抑制と優良農地の保全等の施策を適切に実施すること

等によって農地価格の安定を図っています。

Ⅲ　耕作目的での法人の農地取得

〔問25〕　法人が農業を営むために農地を取得することは認められるでしょうか。認められるとすれば、どのような場合でしょうか。

答　農地所有適格法人（問26参照）及び解除条件付の使用貸借又は賃貸借をする一般法人以外の法人が耕作目的で農地の権利を取得しようとする場合には、原則として、農地法第三条の許可をすることができないこととされています（農地法第三条第二項第二号・第三項、問14参照）。

ただし、次の①の場合は届出をすれば許可は不要ですし、②から⑩の場合は例外として許可されます（①は農業委員会への届出、②～⑩は農業委員会の許可（農地法第三条第一項ただし書、政令第二条））。

① 農地中間管理機構が、農地売買等事業等の実施により権利を取得する場合、農地中間管理機構が農地中間管理事業の実施により農地中間管理権を取得する場合（農地法第三条第一項ただし書一三、一四の二）等

② 農業協同組合・農業協同組合連合会が、農地の所有者から農業経営の委託を受けること

により権利を取得する場合及び農業経営を行うために使用貸借による権利又は賃借権を取得する場合（農地法第三条第二項ただし書）

◎取得後農地の全てについて耕作の事業を行うと認められる場合で、取得後の農地の全て効率利用要件（農地法第三条第二項第一号）・農地所有適格法人要件（同項第二号）・農作業常時従事要件（同項第四号）・下限面積要件（同項第五号）が除かれる場合

③ 農薬会社、肥料会社等が、その法人の業務の運営に欠くことのできない試験研究又は農事指導のための試験ほ場等として権利を取得する場合（政令第二条第一項第一号イ）

④ 地方公共団体（都道府県を除く）が、公用・公共用の目的に供するため権利を取得する場合（政令第二条第一項第一号ロ）

⑤ 学校法人、医療法人、社会福祉法人等が、教育実習農場、リハビリテーション農場等教育、医療又は社会福祉事業の運営に必要な施設の用に供するため権利を取得する場合（政令第二条第一項第一号ハ）

⑥ 独立行政法人農林水産消費安全技術センター、独立行政法人家畜改良センター又は国立研究開発法人農業・食品産業技術総合研究機構が、その業務の運営に必要な施設の用に供するため権利を取得する場合（政令第二条第一項第一号ニ）

◎取得後の農地の全て効率利用要件（同項第一号）は適用されるが、農地所有適格法人要件（同項第二号）・農作業常時従事要件（同項第四号）・下限面積要件（同項第五号）が除かれる

場合

⑦　農業協同組合、農業協同組合連合会又は農事組合法人が、稚蚕共同飼育のための桑園、共同育成牧場等その構成員の行う農業に必要な施設の用に供するために権利を取得する場合（政令第二条第二項第一号）

⑧　森林組合、生産森林組合又は森林組合連合会が、森林の経営又はその法人の構成員の行う森林の経営に必要な樹苗の採取若しくは育成の用に供するため権利を取得する場合（政令第二条第二項第二号）

⑨　いわゆる畜産公社[注]が、乳牛又は肉用牛の育成牧場の用に供するため権利を取得する場合（政令第二条第二項第三号）

⑩　東日本高速道路株式会社、中日本高速道路株式会社又は西日本高速道路株式会社が、その事業に必要な樹苗の育成の用に供するため権利を取得する場合（政令第二条第二項第四号）

（注）「いわゆる畜産公社」とは、畜産農家に対して乳牛又は肉用牛を育成して供給し、又は畜産農家から委託を受けて乳牛又は肉用牛を育成する一般社団法人・一般財団法人で、

①　農業協同組合、地方公共団体等の有する議決権の数の合計が四分の三以上を占める一般社団法人

②　地方公共団体の有する議決権の数が過半を占める一般社団法人

③　地方公共団体の拠出した基本財産の額が総額の過半を占める一般財団法人

のいずれかに該当するものをいいます（農地法施行令第二条第二項第三号、農地法施行規則第一六条第二項）。

〔問26〕 農地所有適格法人なら耕作目的で農地を取得できると聞きますが、どのような法人でしょうか。

答

農地法上、耕作目的での農地の取得が認められている農地所有適格法人とは、次の要件を備えたものです（農地法第二条第三項）。この農地所有適格法人は、平成三一年（令和元年）一月一日現在、全国で一九、二一三法人あります。

① 法人の組織

農業協同組合法に基づく「農事組合法人」、会社法の「株式会社（公開会社でないものに限る。）又は持分会社」のいずれかであること。

したがって、これ以外の法人は農地所有適格法人になれません。

② 事業の限定

法人の事業は、主たる事業が農業であることが必要です。この場合の農業には、その行う農業に関連する事業、農業と併せ行う林業及び農事組合法人にあってはこのほか組合員の農業に係る共同利用施設の設置又は農作業の共同化に関する事業を含むこととされています。

「農業」の中には耕作、養畜、養蚕等の業務のほか、その業務に必要な肥料・飼料等の購入、通常商品として取扱われる形態までの生産物の処理（例えば野菜・果実の選別・包装）及び販売までが入ります。

「その行う農業に関連する事業」は、農業と一次的な関連を持ち、農業生産の安定・発展に役立つ次の事業です。

ア　農畜産物を原料又は材料として使用する製造又は加工

イ　農畜産物若しくは林産物を変換して得られる電気又は農畜産物若しくは林産物を熱源とする熱の供給

ウ　農畜産物の貯蔵、運搬又は販売

エ　農業生産に必要な資材の製造

オ　農作業の受託

カ　農村滞在型余暇活動に必要な役務の提供

キ　農地に支柱を立てて設置する太陽光を電気に変換する設備の下で耕作を行う場合における当該設備による電気の供給

③　議決権の要件

その法人の議決権の過半を次に掲げる者が有していること。(注一、二)

ア　農地又は採草放牧地の所有権を移転するか、又は賃借権等の使用収益権を設定・移転することにより当該法人に農地又は採草放牧地を提供した個人

イ　農地中間管理機構又は旧農地利用集積円滑化団体（問94参照）を通じてその法人に農

地を貸している個人

ウ　当該法人の農業に常時従事する者(注三)

エ　当該法人に農用地等の現物を出資した農地中間管理機構

オ　地方公共団体、農業協同組合又は農業協同組合連合会

カ　当該法人に基幹的な農作業を委託している個人

のいずれかであること

また、農事組合法人にあっては、当該農事組合法人からその事業に係る物資の供給若しくは役務の提供を受ける者又はその事業の円滑化に寄与する者と農民(注四)とみなされている者を合わせて総組合員の数の三分の一を超えてはならないとされています（農業協同組合法第七二条の一三第三項）。

④　役員に関する要件

法人の役員（農事組合法人にあっては理事、株式会社にあっては取締役、持分会社にあっては業務を執行する社員）の数の過半をその法人の常時従事者(注五)である理事等で占めること。理事等又は権限及び責任を有する使用人のうち一人以上がその法人の行う農業に必要な農作業に六〇日又は農業に従事すべき日数の過半のいずれか少ない日数以上従事すると認められること。

（注一）　農林漁業法人等に対する投資の円滑化に関する特別措置法第五条に規定する承認会社であって、地方公共団体、農業

協同組合、農業協同組合連合会、農林中央金庫又は株式会社日本政策金融公庫がその総株主の議決権の過半数を有しているものが、承認事業計画に従って農林漁業法人等投資育成事業を営む場合における当該承認会社についての農地法第二条第三項第二号の規定の適用については、「次に掲げる者に該当する株主」とあるのは「次に掲げる者又はその法人に承認事業計画（農林漁業法人等に対する投資の円滑化に関する特別措置法（平成一四年法律第五二号）第六条に規定する承認事業計画をいう。）に従って農林漁業法人等投資育成事業（同法第二条第二項に規定する農林漁業法人等投資育成事業をいう。）に係る投資を行った承認会社（同法第五条に規定する承認会社をいう。に該当する株主）」となります。

（注二）　アからカに該当しない農業者や他の農地所有適格法人からの出資でも、市町村等の認定を受けた農業経営改善計画に基づいて行われるものであれば、農業関係者からの出資とみなされます（基盤法第一四条第一項）。

（注三）　常時従事する者

一、「常時従事する者」には、病気など特別な理由により一時的に常時従事できないが、その事由がなくなれば常時従事すると認められる者も含まれます。

二、その法人の農業に従事する者で次の要件のいずれかに該当する場合は、常時従事者と認められます（農地法施行規則第九条）。

ア　その法人の行う農業に年間一五〇日以上従事すること

イ　その法人の行う農業に従事する日数が一五〇日未満の場合は、次の算式により算出される日数（六〇日未満の場合は六〇日）以上従事すること

$$\frac{2}{3} \times \frac{L}{N}$$

N…法人の構成員数

L…法人の行う農業に必要な年間総労働日数

ウ　その法人の行う農業に従事する日数が年間六〇日に満たない者にあっては、当該法人に農地等を提供した者であって、イ又は次の算式により算出される日数のどちらか大きい日数以上従事すること

$$\frac{a}{A} \times L$$

L…法人の行う農業に必要な年間総労働日数

A…法人の耕作又は養畜の事業に供している農地等の面積

a…当該構成員がその法人に提供している農地等の面積

（注四）「農民とみなされている者」とは、農業協同組合法第七二条の一三第二項において、農業経営を行う農事組合法人の組合員が農民でなくなり、又は死亡した場合で、その農民でなくなった者又は相続人で農民でないものでも、その法人との関係においては農民とみなされている者をいいます。

（注五）農地所有適格法人の構成員かつ常時従事者である役員であって、当該法人が出資している農地所有適格法人（子会社）の役員を兼務する者（兼務役員）について、子会社の作成する農業経営改善計画に位置付けた場合、兼務役員は、子会社の農業に年間三〇日以上従事すれば、子会社の構成員かつ常時従事者である役員と同様に取り扱われます（基盤法第一四条第二項）。

〔問27〕一般の株式会社でも、農業を営むための農地取得が認められているとのことですが、どのようになっているのでしょうか。

答

農地法第三条において農地の所有権取得が認められている法人は原則として農地所有適格法人に限られています。

しかし、貸借については、一般の株式会社でも一定の基準を満たせば解除条件付の使用貸借による権利又は賃借権を取得できる途が開かれています（農地法第三条第三項、問14のⅡ参照）。

なお、これら以外に、農薬会社や肥料会社等の試験ほ場等であって会社の主たる業務の運営に欠くことのできない試験研究のためのものであると認められる場合には、一般の株式会社でも必要最小限の農地の権利の取得が認められます（農地法施行令第二条第一項第一号イ。問25参照）。

〔問28〕　会社が山林を取得して農地造成をし、耕作することができますか。

答　農地法では、農地所有適格法人、解除条件付貸借で取得する一般法人以外の法人の耕作目的での農地の権利取得は原則として認めていませんが（農地法第三条第二項第二号・第三項、問25参照）、この規制の対象は、あくまでも現況が農地又は採草放牧地についてのものであり、山林の取得、更には、取得した山林の農地造成については制限していません。(注) 従って、会社であっても山林を取得して農地造成をし、耕作することができます。

しかし、農地として造成した後は、その土地は農地法の適用を受ける農地となりますから、これを他に売却するとか、工場用地等に転用しようとする場合には農地法の許可を受けることが必要になります。

（注）　国土利用計画法第一四条により土地に関する権利の移転等をする契約の締結について知事の許可を要する場合、農振法第一五条の二により農用地区域内における開発行為について知事の許可を要する場合等農地法以外の法律によって許可を要する場合があります。

Ⅳ　農地の転用

〔問29〕　農地の転用はどのくらいされているのですか。

答

一、農地転用面積は、昭和四〇年代の後半には、年間六万ヘクタールもありましたが、近年は経済の低成長のなかで大幅に減少し、平成三〇年には約一万七千ヘクタールとなっています。

許可の態様別の内訳は、農地法の許可を受けて行う転用のうち、権利移動を伴わない転用（第四条該当）が約一千九百ヘクタール（一一％）、権利移動を伴う転用（第五条該当）が約九千八百ヘクタール（五六％）であり、国、県等による許可等を必要としない転用が約五千六百ヘクタール（三三％）です。なお、このうち市街化区域内農地の転用が約三千八百ヘクタール（二二％）となっています。

二、平成三〇年の転用を用途別にみると、最も多いのはその他の業務用地で約七一一四ヘクタール、ついで住宅用地約四一一五ヘクタール、植林約三四二〇ヘクタール、公的施設用地約一〇五二ヘクタール等の順となっています。

平成30年の農地転用

(1)　態様別

（単位：ha）

総　　数	17,305
（うち市街化区域内届出）	3,816
4条該当	1,900
5条該当	9,758
4・5条該当以外	5,646

(2)　用途別

（単位：ha、％）

総　　数	(100) 17,305
住宅用地	(23.8) 4,115
公的施設用　　地	(6.1) 1,052
学校用地	(0.4) 66
公園・運動場用地	(0.4) 71
道水路鉄道用地	(4.4) 757
工鉱業（工場）用地	(2.8) 476
商業・サービス等用地	(5.4) 935
その他の業務用地	(41.1) 7,114
植　　林	(19.8) 3,420
そ の 他	(1.1) 192

資料：農林水産省による「農地の移動と転用（農地の権利移動・借賃等調査）」

〔問30〕　農地法が農地の転用を規制している趣旨は何ですか。

答　我が国農業生産の基盤である農地は、国民に対する食料の安定的供給を図る上で重要な役割を担っており、農地法に基づく農地転用許可制度は、その適切な運用を通じ良好な営農条件を備えている農地を確保する一方、社会経済上必要な土地需要にも適切に対応する趣旨から設けられたものです。

その規制における許可の方針として①農用地区域内にある農地及び集団的に存在する農地その他の良好な営農条件を備えている農地は原則として許可しない、②市街地の区域又は市街地化が見込まれる区域内にある農地は転用を許可できることとし、さらに③具体的な転用事業計画を伴わない資産保有目的又は投機目的での農地取得は許可しないこととされています。

〔問31〕 農地を転用するとは、どのような行為をいうのでしょうか。

答

一、農地を転用するとは、農地を農地でなくすること、すなわち農地に区画形質の変更を加えて住宅、工場、学校、病院等の施設の用地にし、また、道路、山林等の用地にする行為がこれに該当することになります。また、農地の形質に何ら変更を加えない場合であっても、例えば、火薬倉庫等の危険物の取扱い場所において周辺の農地を保安敷地にする場合、道路沿いの畑をそのまま資材置場の用に供する場合等人為的に農地を耕作の目的に供されない状態にするものは農地の転用に該当します。しかし、人為的でない事由、すなわち水害その他の災害によって農地がつぶれ、耕作の用に供されなくなる場合は転用に該当しません。

二、農地の転用に該当するか否かの判断につき運用上問題が多いものに農業用施設の建設、養魚のために利用する養魚池の設置等があります。農業用施設の敷地をコンクリート等で地固めする場合は明らかに転用に該当することとなりますが、農地にガラスハウス等の温室等を建築した場合で、①その敷地を直接耕作の目的に供し農作物を栽培する場合、②敷地の形質に変更を加えないで、棚の設置やシートの敷地など、いつでも農地を耕作できる状態を保ったままで、その棚やシートの上で、鉢・ビニールポット栽培を行う場合等については転用に該当しないものとして取り扱われています。礫耕栽培では、礫をおき作物に必要な栄養分を溶解させた水を灌水、排水するために水を湛える施設を設置しますが、その施設がコンクリート等の堅固な永久的構造でその土地の構成物とみられないようなものである場合には転用に当たり、その施設がゴム、ビニール等比較的簡易な構造で土地と一体をなすとみられるような場合には転用に当たらないと解されています。さらに、水田を従前の状態のままで一時的に水を張って稚魚を養育している場合には、転用に当たりませんが、当該水田について通常の水田として利用するのに必要な程度を越えた畦畔の補強、土地の掘削等をして養魚池とした場合には転用に該当することになります。

また、農地に農作物の栽培のため、通路、進入路、機械・設備等を設置する場合、その部分が農作物の栽培に通常必要不可欠なものであり、その農地から独立して他用途への利用又は取引の対象となり得ると認められないときは、当該部分を含めて農地として取り扱われます。

なお、一般的に農地の全面をコンクリート等で地固めする場合は転用に該当することになりますが、農業委員会に届け出て農作物栽培高度化施設の用に供される場合については引き続き農地として取り扱われます（問31の2参照）。

〔参考〕 農地の転用に当たるかどうかの判断基準①

1　農地にあたるもの

説　　　明	概　　念　　図
(例) (ア) 温室等を建築した場合でも、その敷地を直接耕作の目的に利用し、農作物を栽培している場合	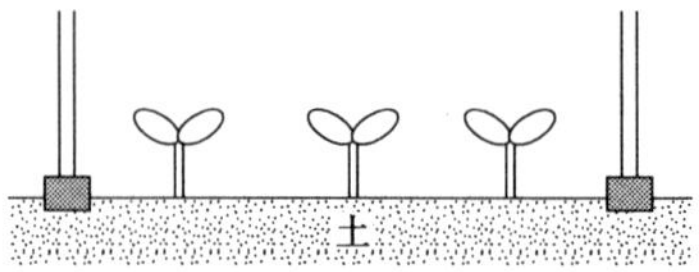
(イ) ビニール等比較的簡易な資材を敷設し、砂、礫等を入れて礫耕栽培等を行っている場合のように、土地と一体をなすとみられるような状態で農作物を栽培している場合	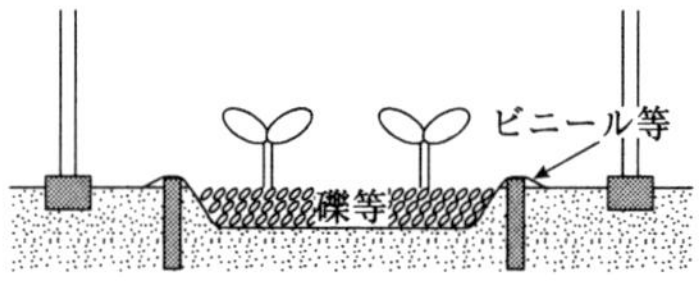

1　農地にあたるもの（続き）

説　　　明	概　　念　　図
（例） (ウ)　農地の形質変更行為を行わずに、鉢、ビニールポット、水耕栽培等を行う場合（簡易な棚の設置、シート等の敷設等を行って栽培を行う場合を含む。）	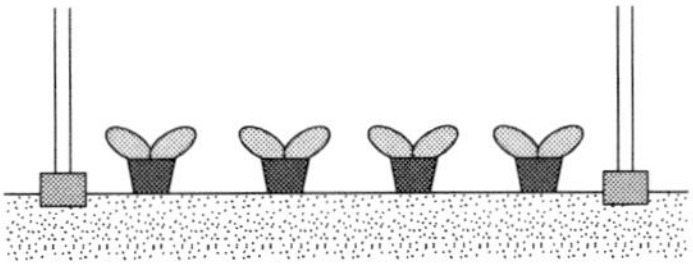 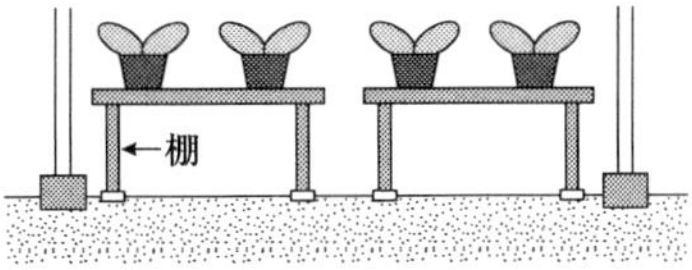 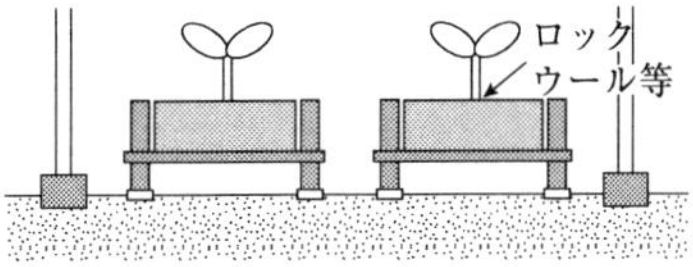 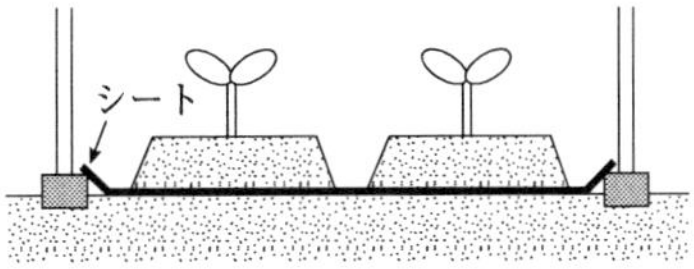

2　農地にあたらないもの

説　　明	概　　念　　図
（例） (ア)　農業用施設の敷地をコンクリート等で地固めする場合	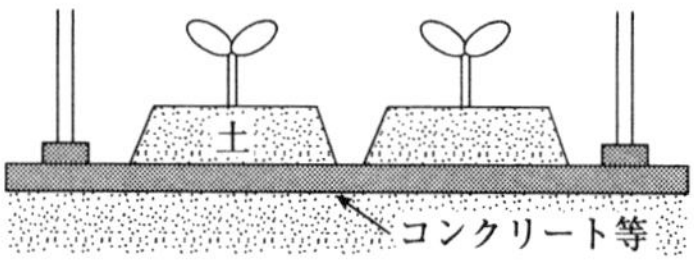 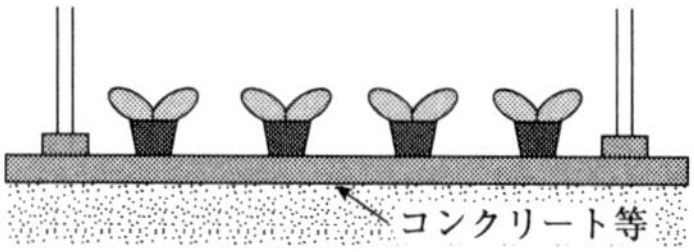
(イ)　コンクリート等を敷地に埋設する場合	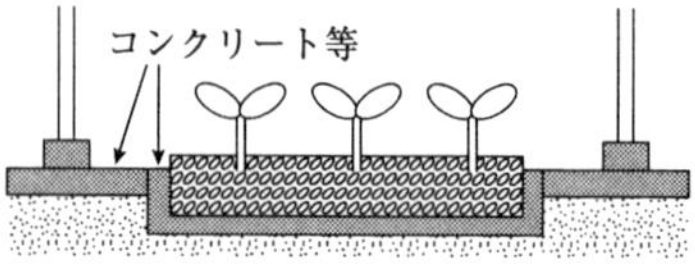

〔参考〕　農地の転用に当たるかどうかの判断基準②

1　その農地の農作物の栽培のために必要不可欠な通路等
(全体を農地として取り扱うもの)

説　　明	概　　念　　図
(例) (ア)　その農地における農作業上必要な舗装された通路及び進入路 (イ)　その農地における農作物の栽培に用いる堆肥・養土の置き場 (ウ)　温室等における農作物の栽培のために通常必要不可欠な機材・設備の設置場所 注：当該部分がその農地の農作物の栽培に通常必要不可欠なものであり、当該農地から独立して他用途への利用又は取引の対象とならないもの	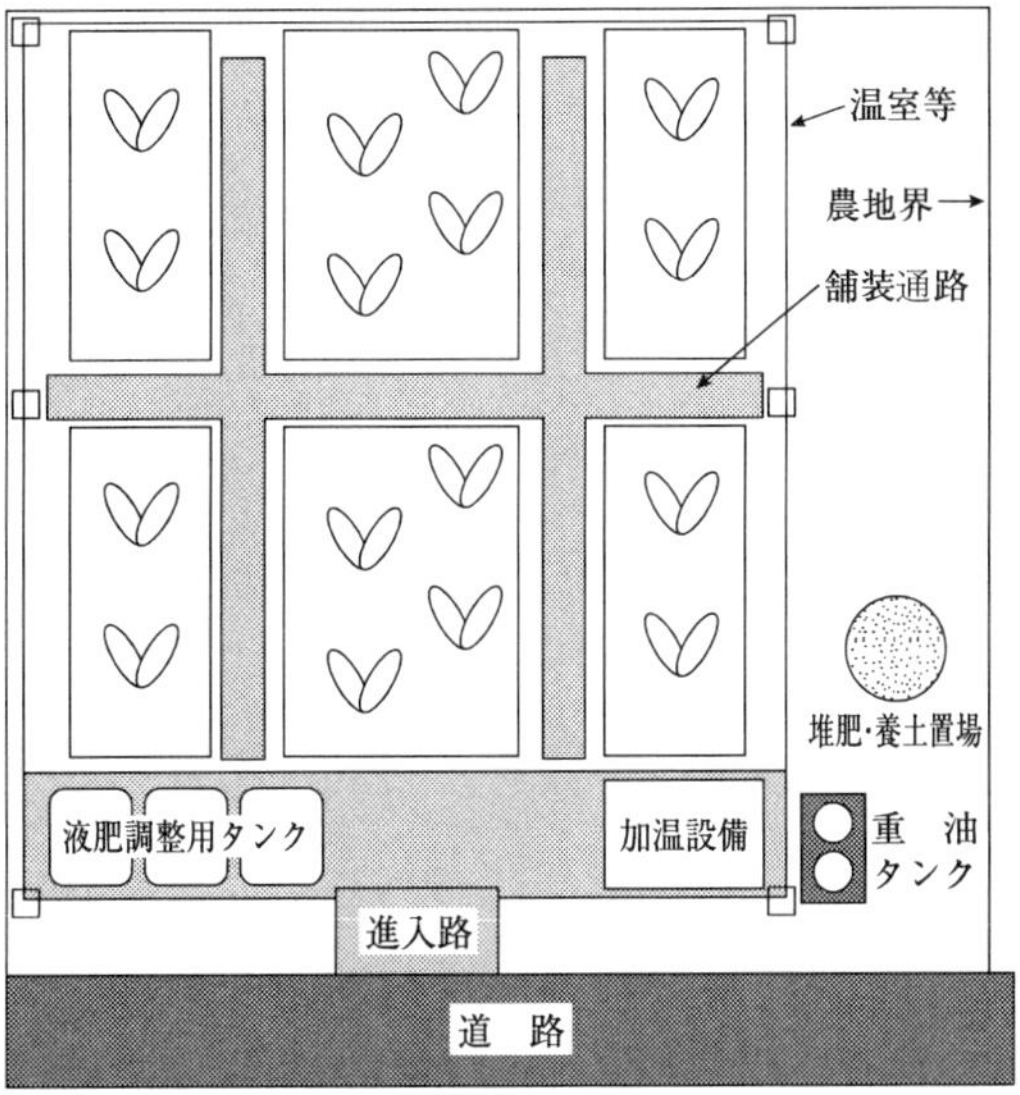

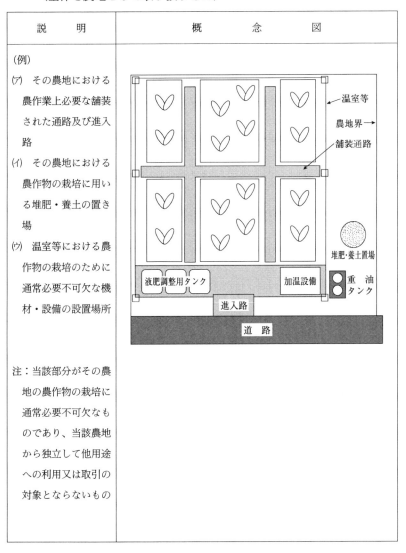

2　農地と認められない部分を含む場合

説　明	概　念　図
(例) ・農地と認められない部分 (ア)　その農地における農作物の栽培に通常必要と認められる規模を超える機材・設備の用地 (イ)　事務所、倉庫、直売所等農作物の栽培に通常必要不可欠といえないもの (ウ)　これらに附帯する土地 注：これらの部分は、その農地の農作物の栽培に通常必要不可欠なものとはいえず、当該農地から独立して他用途への利用又は取引の対象となり得ると認められます。	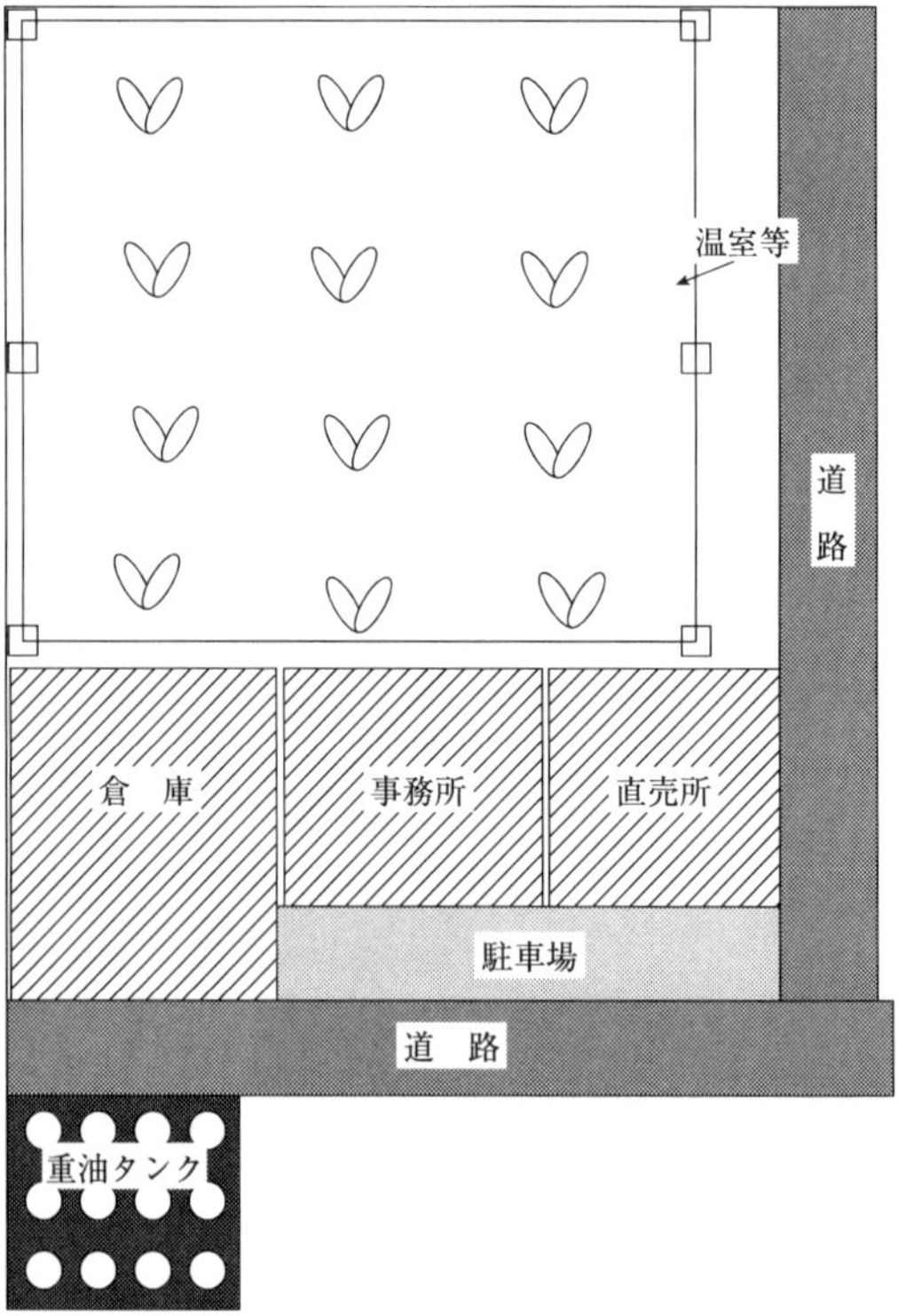

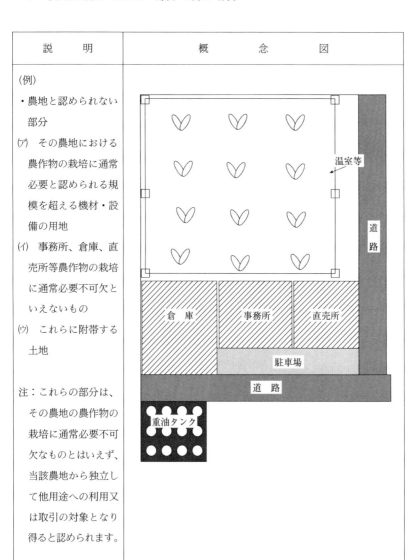

（注）「［参考］農地の転用に当たるかどうかの判断基準①②」は、平成一四年四月一日付け一三経営第六九五三号「施設園芸用地等の取扱いについて」（農林水産省経営局構造改善課長通知）で示された農地法上の農地の判断基準です。

〔問31の2〕　農業用ハウスの底面を全面コンクリート張りにした場合でも、一定の要件を満たしたものであれば農地転用許可が必要ないと聞きましたが、どういうことでしょうか。

答

一、農業用ハウス等を農地に設置するに当たって、内部を全面的にコンクリート張りにする場合は、農地法四条または五条の農地転用許可が必要となりますが（問31参照）、あらかじめ農業委員会に届け出た上で農作物栽培高度化施設を設置する場合には、その施設の用に供する土地は農地法上農地とみなされ、農地転用許可を受ける必要がありません。

二、利用集積に係る制度や税制度も、農地と取り扱うための関係法令の改正がなされており、例えば、固定資産税は農地として課税され、相続税の納税猶予の適用地にすることもできます。

三、しかしながら、農作物栽培高度化施設が設置された土地は、農地法上農地として取り扱われますから、①売却するなど権利の設定移転をする場合には農地法三条の許可などが必要、②栽培以外の利用をする場合、転用許可が必要、③許可なく他に利用した場合、違反転用として原状回復命令などの処分を受けるなど、農地法上の規制は続くことになります。
四、なお、農作物栽培高度化施設とは、専ら農作物の栽培の用に供する施設であって農作物の栽培の効率化又は高度化を図るためのもののうち周辺の農地に係る営農条件に支障を生ずるおそれがないものとして農地法省令で定める一定の基準を満たしたものとされています（農地法第四三条第二項）。

〔問32〕 農地法の許可を要しないで農地転用ができる場合があると聞きますが、どういう場合ですか。

答

一、農地法では、農地を転用する場合や転用のため農地又は採草放牧地の所有権を移転し、又は賃借権等を設定・移転する場合には、原則として都道府県知事(注)（指定市町村においては指定市町村の長）の許可を受けなければならないこととされています（農地法第四条第一項、第五条第一項）。

（注） 四ヘクタール以下の農地転用許可事務が自治事務となっていることから、都道府県は知事のこの事務を条例で市町村が処理することとし、さらに市町村長から農業委員会に事務委任しているところがあります。

二、しかしながら、次に掲げるものなど特定の主体又は用途目的に供される農地転用については、例外的に許可を要しないものとされています（農地法第四条第一項ただし書、第五条第一項ただし書)。

(1)　国又は都道府県等が、道路、農業用用排水施設その他の地域振興上又は農業振興上の必要性が高いと認められる施設（農地法省令第二五条で除外されている学校、病院等は許可の対象となります）の用に供するための転用

(2)　農業経営基盤強化促進法に基づく農用地利用集積計画の定めるところによって行われる転用

(3)　農地中間管理法に基づく農用地利用配分計画の定めるところによって行われる転用

(4)　特定農山村法に基づく所有権移転等促進計画の定めるところによって行われる転用

(5)　農山漁村の活性化のための定住等及び地域間交流の促進に関する法律に基づく所有権移転等促進計画の定めるところによって行われる転用

(6)　土地収用法その他の法律によって収用し、又は使用した農地に係る転用

(7)　土地改良法に基づく土地改良事業による転用（省令第二九条第四号）

(8)　土地区画整理法に基づく土地区画整理事業により道路、公園等公共施設を建設するため又はその建設に伴い転用される宅地の代地に供するための転用（省令第二九条第五号）

(9)　市町村等の地方公共団体が道路、河川等土地収用法の対象事業に係る施設（学校・病院・市役所の庁舎等を除く）に供するためのその区域内での転用（省令第二九条第六号）

(10)　東日本高速道路株式会社、首都高速道路株式会社、中日本高速道路株式会社、西日本高

速道路株式会社、阪神高速道路株式会社、本州四国連絡高速道路株式会社、地方道路公社、独立行政法人水資源機構、独立行政法人鉄道建設・運輸施設整備支援機構、全国新幹線鉄道整備法第九条第一項による認可を受けた者、成田国際空港株式会社等がその業務として道路、ダム、水路、鉄道施設、航空保安施設等の施設に供するための転用（省令第二九条第七号、第八号、第九号、第一〇号）

⑾　電気事業者が送電用電気工作物等の敷地に供するための転用（省令第二九条第一三号）

⑿　地方公共団体（都道府県を除きます。）、災害対策基本法に基づく指定公共機関若しくは指定地方公共機関が非常災害の応急対策又は復旧のために必要となる施設の敷地に供するための転用（省令第二九条第一七号）等

三、なお、市街化区域内の農地を転用する場合は、あらかじめ農業委員会に所定の事項の届出を行えば転用許可は要しないことになっています。

四、また、国又は都道府県が学校・病院、庁舎等に転用しようとする場合でも、都道府県知事（指定市町村においては指定市町村の長）と協議が成立した場合は、許可があったものとみなされます（農地法第四条第八項、第五条第四項）。

〔問33〕　農地の転用許可はどのような基準によって判断されるのですか。

答　農地転用の許可申請があった場合に許可するか否かの基準のあらましは次のとおりです。

基準は、大きく分けて、農地が優良農地か否かの面からみる「立地基準」と、確実に転用事業に供されるか、周辺の営農条件に悪影響を与えないか等の面からみる「一般基準」とからなっています。

一、立地基準……優良農地の確保を図りつつ、社会経済上必要な需要に適切に対応

ア　原則として許可しない農地

(1)　優良農地

①　農用地区域内にある農地

②　集団的に存在する農地その他の良好な営農条件を備えている農地（甲種農地・第一種農地）

(2)　許可する場合

(1)の①**農用地区域内の農地**

i　土地収用法第二六条第一項の告示のあった事業（道路等）の用に供する場合

ⅱ　農振法に基づく農用地利用計画の指定用途（畜舎等農業用施設用地）に供する場合

ⅲ　仮設工作物の設置その他の一時的な利用に供する場合で農振整備計画の達成に支障を及ぼすおそれがない場合　等

(1)の②**甲種農地**（市街化調整区域内にある特に良好な営農条件を備えている農地としておおむね一〇ヘクタール以上の規模の一団の農地のうち高性能の農業機械による営農に適するもの、特定土地改良事業等の区域内で工事完了の翌年度から八年経過していないもの）

ⅰ　特に良好な営農条件を備えている農地であることから、第一種農地で許可する場合のうちⅴ、ⅶ、ⅷを除くなど許可し得る場合が第一種農地より更に限定される。

ⅱ　また、第一種農地で許可する場合のⅳの集落に接続して住宅等を建設する場合の施設については、敷地面積がおおむね五〇〇平方メートルを超えないものに限られる。

(1)の②**第一種農地**（おおむね一〇ヘクタール以上の規模の一団の農地、土地改良事業を実施した農地等で甲種農地、イの(1)又は(2)以外の農地）

ⅰ　土地収用法第二六条第一項の告示のあった事業（道路等）の用に供する場合

ⅱ　仮設工作物の設置その他の一時的な利用に供する場合

ⅲ　農業用施設その他地域の農業の振興に資する場合
ⅳ　集落に接続して住宅等を建設する場合
ⅴ　火薬庫等市街地に設置することが困難又は不適当な施設の用に供する場合
ⅵ　国、県道の沿道等に流通業務施設、休憩所、給油所等を設置する場合
ⅶ　土地収用法第三条に該当する事業等の用に供する場合
ⅷ　東日本大震災復興特別区域法第四六条第二項第四号に規定する復興整備事業であって、次の要件に該当するもの
(ⅰ)　同法第四六条第一項第二号に掲げる地域をその区域とする市町村が作成する同項に規定する復興整備計画に係るものであること。
(ⅱ)　同法第四七条第一項に規定する復興整備協議会における協議が調ったものであること。
(ⅲ)　当該市町村の復興のため必要かつ適当であると認められること。
(ⅳ)　当該市町村の農業の健全な発展に支障を及ぼすおそれがないと認められること。
等
ⅸ　地域の農業の振興に関する地方公共団体の計画に即して行われる場合

イ　許可する農地

(1)　市街地の区域内又は市街地化の傾向が著しい区域内の農地で甲種農地以外の農地（第三種農地（農地法第四条第六項第一号ロ(1)））
(2)　(1)の区域に近接する区域その他市街地化が見込まれる区域内の農地で甲種農地以外の農地又は第一種農地（甲種農地を含む）、第三種農地以外の農地（第二種農地（農地法第四条第六項第一号ロ(2)）…周辺の他の土地では事業の目的を達成することができない場合

二、一般基準
(1)　農地のすべてを確実に事業の用に供すること
①　事業者の資力・信用があること
②　農地を農地以外のものにする行為の妨げとなる権利を有する者の同意を得ていること
③　他法令の許可の見込みがあること　等
(2)　周辺の営農条件に悪影響を与えないこと
①　土砂の流出又は崩壊その他の災害を発生させるおそれがないこと
②　農業用用排水施設の有する機能に支障が生じないこと　等
(3)　地域における農地の農業上の効率的かつ総合的な利用の確保に悪影響を与えないこと
①　地域の効率的かつ安定的な農業経営を営む者に対する農地の利用の集積に支障が生じないこと

② 農用地利用集積計画を定めるべき申出から公告までの間に、当該申出に係る農地を転用することで当該計画に基づく農地の利用集積に支障が生じないこと

③ 農用地区域を定めるための「計画案公告」から「計画公告」の間に、当該「計画案公告」に係る市町村農業振興地域整備計画案に係る農地（農用地区域として定める区域内にあるものに限ります。）を転用することで、当該計画に基づく農地の農業上の効率的かつ総合的な利用の確保に支障が生じないこと

(4) 一時転用の場合は、その後確実に農地に戻すこと

(5) 一時転用のため権利を取得する場合は、所有権を取得しないこと

(6) 農地を採草放牧地にするため権利を取得しようとする場合は、農地法第三条第二項の許可できない場合に該当しないこと

〔問33の2〕　太陽光発電の設備を農地に設置する場合の農地転用の取扱いはどうなりますか。

答

太陽光発電の設備を農地に設置する場合の農地転用の取扱いについては、次の通知が農林水産省から出ています。そのあらましは次のようになっています。

(1) 支柱を立てて営農を継続する太陽光発電設備等についての農地転用許可制度上の取扱い

局長通知）について（平成三〇年五月一五日（最終改正令和三年六月一四日）・農林水産省農村振興

① 農地に支柱（簡易な構造で容易に撤去できるもの）を立てて、営農を継続しながら上部空間に太陽光発電設備等の発電設備を設置する場合には、当該支柱について農地転用の許可（農地法第四条第一項又は第五条第一項）が必要となる。

② 発電設備の下部の農地で営農の適切な継続が確保されなければならないことから、一時転用許可の対象として可否を判断する。

③ 許可権者は、一時転用許可を行う場合には、処理基準及び運用通知のほか、申請内容が次に掲げる事項に該当することを確認する。

ア 転用期間が次の区分に応じた期間内であり、下部の農地の営農の適切な継続を前提として営農型発電設備の支柱を立てるものであること。

A 担い手が自ら所有する農地又は賃借権その他の使用収益権を有する農地等を利用する場合 ※この場合の担い手とは「効率的かつ安定的な農業経営」「認定農業者」「認定新規就農者」「将来法人化して認定農業者になることが見込まれる集落営農」をいう	一〇年以内
B 荒廃農地を再生利用する場合	一〇年以内
C 第二種農地又は第三種農地を利用する場合	一〇年以内
D AからCまで以外の場合	三年以内

イ　簡易な構造で容易に撤去できる支柱として、申請面積が必要最小限で適正と認められること。

ウ　下部の農地における営農の適切な継続（次の場合のいずれにも該当しないことをいう。）が確実と認められること。

ａ　営農が行われない場合

ｂ　下部の農地の単収が、同じ年の地域の平均的な単収と比較しておおむね二割以上減少する場合（荒廃農地を再生利用する場合（下部の農地が前頁の表の区分Ｂに該当する場合をいう。以下同じ。）を除く。）

ｃ　下部の農地の全部又は一部が法第三二条第一項各号のいずれかに掲げる農地に該当する場合（荒廃農地を再生利用する場合に限る。）

ｄ　下部の農地で生産された農作物の品質に著しい劣化が生じていると認められる場合

エ　パネルの角度、間隔等からみて農作物の生育に適した日照量を保つための設計となっており、支柱の高さ、間隔等からみて農作業に必要な農業機械等を効率的に利用して営農するための空間が確保されていると認められること。なお、支柱の高さは、最低地上高おおむね二メートル以上を確保していると認められること。ただし、農地に垂直に太陽光発電設備等を設置するものなど、当該設備等の構造上、支柱の高さが下部の農地の営農条件に影響しないことが明らかであり、当該設備等の設置間隔、規模及び立地条件等からみて、当該農地の良好な営農条件が維持される場合には、支柱の高さが最低地上高おおむね二メートルに達しなくても差し支えないこと。

オ　位置等からみて、営農型発電設備の周辺の農地の効率的な利用、農業用用排水施設の機能等に支障を及ぼすおそれがないと認められること。特に農用地区域内農地は、農業振興地域整備計画の達成に支障を及ぼすおそれがないよう、次の事項に留意すること。

a　農用地区域内の農用地の集団化、農作業の効率化その他土地の農業上の効率的かつ総合的な利用に支障を及ぼすおそれがないこと。

b　農業振興地域整備計画に位置付けられた土地改良事業等の施行や農業経営の規模の拡大等の施策の妨げとならないこと。

カ　支柱を含め営農型発電設備を撤去するのに必要な資力及び信用があると認められること。

キ　事業計画で発電設備を電気事業者の電力系統に連系することとされている場合には、電気事業者と転用事業者が連系に係る契約を締結する見込みがあること。

ク　当該申請に係る事業者が法第五一条の規定による原状回復等の措置を現に命じられていないこと。

④　許可には、

ア　下部の農地における営農の適切な継続が確保され、支柱がこれを前提として設置される当該設備を支えるためのものとして利用されること。

イ　下部の農地で生産された農作物の状況を、毎年報告すること

等の条件が付される。

⑤　このほか同通知では、「一時転用許可期間中の農作物の生産に係る状況の報告」「農地転用許可権者による転用事業の進捗状況の把握及び申請者に対する指導」「一時転用許可の期間満了後における再許可」等が示されています。

⑥　また、「その他」で、設置者と営農者が異なる場合には、支柱に係る一時転用許可と下部の農地にいわゆる区分地上権（民法第二六九条の二第一項の「地下又は空間を目的とする地上権」）又はこれと内容を同じくするその他の権利を設定するための法第三条第一項の許可を受けることが必要とされています。この場合には、権利の設定期間を一時転用期間と同じ期間とし、一時転用許可と同時に権利設定するものとされています。

(2)　太陽光発電設備を農地の法面又は畦畔に設置する場合の取扱いについて（平成二八年三月三一日・農林水産省農村振興局長通知）

①　農地の法面又は畦畔に太陽光発電設備を設置する場合は、農地転用の許可（農地法第四条第一項又は第五条第一項）が必要となる。

②　周辺の農地に係る営農条件に支障を生ずるおそれがないようにする必要があること等から、一時転用許可の対象として可否を判断する。

③　許可権者は、一時転用許可を行う場合には、処理基準及び運用通知によるもののほか、次に掲げる事項に該当することを確認する。

ア　転用期間が三年以内であること。

イ　簡易な構造で容易に撤去できる太陽光発電設備として、申請面積が必要最小限で適正と認められること。

ウ　本地を維持・管理するために必要な法面等の機能に支障を及ぼさない設計となっていること。

エ　農業用機械の農地への出入りの支障、日照や通風の制限又は土砂の流失、設置後の発電設備のメンテナンスによる営農への支障等、周辺農地の営農条件に支障を生ずるおそれがないと認められること。

オ　位置等からみて、法面等の周辺の農地以外の土地に太陽光発電設備を設置することができないと認められ、また、周辺の農地の効率的な利用等に支障を及ぼすおそれがないと認められること。特に農用地区域内農地は、農業振興地域整備計画の達成に支障を及ぼすおそれがないよう、次の事項に留意すること。

ａ　農用地区域内の農用地の集団化、農作業の効率化その他土地の農業上の効率的か

つ総合的な利用に支障を及ぼすおそれがないこと

b　農業振興地域整備計画に位置付けられた土地改良事業等の施行や農業経営の規模の拡大等の施策の妨げとならないこと

カ　太陽光発電設備を撤去するのに必要な資力及び信用があると認められること。

キ　事業計画で、太陽光発電設備を電気事業者の電力系統に連系することとされている場合には、電気事業者と転用事業者が連系に係る契約を締結する見込みがあること。

④　転用期間が満了する場合に、あらためて③の確認を行い、再度一時転用許可を行うことができる。この場合、それまでの転用期間の法面等及び周辺農地の状況を十分勘案し、総合的に判断する。

⑤　許可には、

ア　本地を維持・管理するために必要な法面等の機能が確保され、太陽光発電設備がこれを前提として設置・利用されること。

イ　法面等の状況を、毎年報告すること。

等の条件が付される。

⑥　このほか同通知では、「許可申請」「報告」「許可権者による転用事業の進捗状況の把握及び許可権者による指導」等が示されています。

(3)　営農型発電設備の設置についての農地法第三条第一項の許可の取扱いについて（令和三

年三月二二日・農林水産省経営局農地政策課長通知）

①　営農型発電設備の設置者と営農者が異なる場合、申請者に対して農地法第五条第一項の許可申請と第三条第一項の許可申請（営農型発電設備設置後、設置者が区分地上権等を第三者に移転又は第三者に新たに設置する場合の三条許可を含む。）を同時に行うことを指導すること

②　農業委員会は、①の指導に当たっては、申請者に対して、三条許可申請書の添付書類は五条許可申請書の写し（営農型発電設備設置後、設置者が区分地上権等を第三者に移転する場合又は第三者に新たに設定する場合は、事業計画変更承認申請書又は五条許可申請書の写し）をもって代えることができることを連絡すること

③　農業委員会は第五条の意見書作成の際に、併せて第三条許可の判断をすること

④　農業委員会は、区分地上権等を設定する期間を、五条許可申請における一時転用期間と同じ期間とするよう、申請者に対して指導すること。また、農業委員会は第五条と同日付で第三条許可を行うこと

(4)　再生可能エネルギー設備の設置に係る農業振興地域制度及び農地転用許可制度の適正かつ円滑な運用について（令和三年三月三一日・二農振第三八五四号　農林水産省農村振興局長通知）

①　荒廃農地を活用した再生可能エネルギーの導入促進に向けた基本的考え方

都道府県知事、市町村長及び農業委員会は、再生可能エネルギーの導入促進の観点から、次に掲げる農地に該当するなど、耕作者の確保が見込まれない荒廃農地において、再生可能エネルギー設備の設置の積極的な促進が図られるよう努めるものとする。

ア　農地中間管理機構が農地中間管理事業法第八条第一項に規定する農地中間管理事業規程において定める同条第二項第二号に規定する基準に適合しないものとして借受けしなかった農地

イ　農地法第三四条の規定に基づく農業委員会によるあっせんその他農地の利用関係の調整を行ってもなお受け手を確保することができなかった農地

ウ　人・農地プランにおいて、当該申請に係る土地について、地域の農業において中心的な役割を果たすことが見込まれる農業者に対し権利の移転又は設定を行うことが具体的に計画されていない農地

②　このほか、同通知では「農業振興地域制度の運用上の留意事項」「農地転用許可制度の運用上の留意事項」「農用地区域からの除外と農地転用許可手続の迅速化」「営農型発電設備の取扱いの留意事項」「農地に風力発電設備を設置する場合の留意事項」が示されています。

〔問34〕 転用についての許可は農地法第四条と第五条がありますが、これはどのような関係にあるのでしょうか。

答

一、農地法における、農地転用に関する規制は第四条と第五条に分かれています。第四条は、転用という事実行為を規制しようとするものであり、農地について所有権その他の権原を有すると否とにかかわらず農地を転用しようとする者に適用され、農地を転用しようとする者は都(注)道府県知事の許可（指定市町村においては指定市町村の長の許可）を受けなければなりません。ただし、採草放牧地を転用しようとする場合には、この許可を受ける必要はありません。

なお、他人の農地を無権原で転用しようとする場合には、許可申請があっても許可されません。

二、これに対して第五条は、農地又は採草放牧地（以下「農地等」といいます。）について転用を目的として権利の設定又は移転をするという法律行為を規制するものです。すなわち、転用目的で農地等について所有権、賃借権等の権利を設定、移転する場合には、当事者は都(注)道府県知事の許可（指定市町村においては指定市町村の長の許可）を受けなければならないこととされており、この第五条の許可を受けないでした売買、賃貸借等の法律行為は、その効力が生じないものとされています（農地法第五条第三項）。
なお、第五条の許可に当たっては、権利移動の可否と転用の可否とを併せて審査されるので、第五条の許可を受け、その許可に係る目的に供するための転用を行う場合は、第四条の許可は要しないことになっています（農地法第四条第一項第一号）。

（注）都道府県は知事の許可事務の一部を地方自治法の規定に基づき、条例で市町村が処理することとし、さらに市町村長から農業委員会に事務委任しているところがあります。

〔問35〕転用許可申請をしたところ、農業振興地域内の農用地区域であるから許可にならないといわれました。この農用地区域というものはどういうものですか。また、許可を受けるにはどうすればよいでしょうか。

答

一、農業振興地域とは、自然的経済的社会的諸条件を考慮して一体として農業の振興を図ることが適当な地域として農振法に基づき都道府県知事が指定した地域のことをいいます（農振法第六条）。このような農業振興地域の指定を行う趣旨は、限られた国土を合理的に利用するという観点から、農業以外の土地利用とも調整を図りながら農業の振興を図るべき地域を定め、その地域における土地の農業上の有効利用と農業近代化のための諸施策を総合的計画的に推進しようということです。

二、都道府県知事により農業振興地域として指定された地域については、市町村が農業振興地域整備計画を定めます（農振法第八条）が、この計画の中の一つである農用地利用計画においては、今後農業上の利用を確保すべき土地の区域として農用地区域が設定され、その区域内の土地については農業上の用途区分（農地、採草放牧地、混牧林地及び農業用施設用地）が定められます（農振法第八条第二項第一号）。そして、この農用地区域内の農地について転用許可処分を行うに当たっては、農用地利用計画（農振法第八条第四項）に定められた用途以外の用途に供されないようにしなければならないとされています（農振法第一七条）。

三、したがって、農用地区域内にある農地を指定された用途以外に転用する場合は、農用地区域からその農地を除外（農振法第一三条）することが必要となりますが、この場合は、農業振興地域制度上からみて農用地区域からの除外が適当かどうかの判断が厳格になされるとともに、併せて農用地区域から除外された場合転用許可が可能かどうかについての審査も行われ、この両者について条件が満たされる場合に限り農用地区域からの除外が認められます。

四、このため、農地転用に当たっては、極力農用地区域を避けて農用地区域以外の場所で土地を選ぶようにすることが必要です。しかし、周辺の土地利用の状況等からみて、どうしても農用地区域内の農地を選定せざるを得ない場合は、農用地区域からの除外の見通し等について事前に市町村又は都道府県に十分相談し、その指導を受けて許可申請手続きを進めることが適当です。

五、なお、転用しようとする農地を農用地区域から除外するための農業振興地域整備計画の変更は、市町村が自らの発意により行うこととなっていますが、この市町村の職権の発動を促す意味で、多くの市町村では関係権利者から除外の申し出等を行わせ、これを契機として市町村が農業振興地域整備計画の変更の必要性を判断した上で、農振法に基づく公告、縦覧、住民からの意見書提出等の一定の手続きを経て農用地区域から除外することとされています。

〔問36〕　農振法の開発許可と農地法の転用許可との関係はどうなりますか。両方の許可が必要ですか。

答

一、農振法により今後長期にわたり農業上の利用を確保すべき土地の区域として設定された農用地区域（問35参照）内においては、農地及び採草放牧地のみならず農用地等として開発し、利用すべきものとされている山林、原野等も一体として農業上の利用を確保する必要があることから、農振法では、農用地区域内において開発行為をしようとする場合には、都道府県知事の許可を受けなければならないこととされています（農振法第一五条の二第一項）。

この場合の開発行為とは、「宅地の造成、土石の採取その他の土地の形質の変更又は建築物その他の工作物の新築、改築若しくは増築」をいいますので、農地又は採草放牧地についての転用行為も含まれることとなります。

二、しかし、農地や採草放牧地については、それが農用地区域に含まれているか否かにかかわらず農地法の規定による転用の制限がなされており、しかも農振法第一七条において農用地区域内にある農地又は採草放牧地の転用許可に当たっては、農用地利用計画において指定された用途以外の用途に供されないようにしなければならないとされています。これによって農業上の利用を確保することができるので、農地法による農地転用の許可を受けた土地に係る開発行為については、改めて農振法による開発許可を要しないこととされています（農振法第一五条の二第一項第三号）。したがって、実質的には農用地区域内においては、農地及び採草放牧地については農地法の農地転用許可が、農地及び採草放牧地以外の山林原野等については農振法による開発行為の許可が適用されるということになります。

三、なお、農地又は採草放牧地の転用行為であっても、農地法所定の許可を受ける必要がない場合や農地法所定の許可を受けていても、その許可に係る目的と異なる目的に供するために開発行為を行う場合には、農振法第一五条の二の許可を要します。また、農地法の転用許可を受けることを要する農地等の転用について、農地法所定の許可も農振法の許可もともに受けずに転用行為を行った場合には、農地法違反であると同時に農振法第一五条の二第一項違反にも該当し、農地法第五一条及び農振法第一五条の三の規定によりそれぞれ工事の中止、原状回復命令等の是正措置がなされることがあるほか、農地法第六四条及び第六七条並びに農振法第二六条の規定により罰則の適用があります。

〔問37〕　市街化調整区域内の優良農地であっても農業振興地域内の農用地区域でない場合には転用が許可されるのですか。

答　市街化調整区域内にある農地が農用地区域外であっても農業公共投資の対象となった農地、集団的な農地、生産力が高い農地（甲種農地、第一種農地（問33参照））は、特に良効な営農条件を備えている農地であり農業上維持保全する必要性の高いものであるので、原則としてその転用は許可しない方針となっています。したがって、その農地が甲種農地又は第一種農地に該当する場合は、土地収用法第二六条の事業認定告示があった事業に係る施設（農地法第四条第六項）、農業関係施設、農家の就業機会の確保に資する施設、都市と農村の交流の円滑化に資する施設、一般国道・県道に接続して又は高速自動車国道のインターチェンジの出入口の周辺おおむね三〇〇メートルの区域内に建設する流通業務施設・休憩所、その他市街化の要因とならない施設等公益性の高い事業の用に供する場合等例外的に許可できる場合を除いて許可しないこととされています（農地法政令第四条第一項第二号）。

〔問37の2〕　市街化調整区域における宅地造成の場合、開発許可と農地転用の許可との関係はどのようになるのでしょうか。開発許可があっても農地転用の許可ができないことがあるでしょうか。

答　開発許可と農地転用許可との円滑な運用を確保するために、国土交通省と農林水産省との間で「開発許可等と農地転用許可との調整に関する覚書」を交換し、同時審査、同時処分をするという原則の下に、双方の事務が並行して処理されています。農地転用許可制度の運用において、他法令による許可等が受けられる見込みがない場合には、転用目的実現の確実性がない（農地法第四条第六項第三号、第五条第二項第三号）こととなるので許可しないこととされています。

したがって、開発許可の見込みがない場合、農地転用は許可されません。

また、許可処分を取消す場合、違反転用及び違反開発に対する処分等を行う場合においても、転用許可権者と開発許可権者との間で連絡・調整を行い適切な措置を講ずることになっています。

〔問38〕 市街化区域内の農地を転用する場合でも許可が必要でしょうか。

答　一、都市計画法による市街化区域は、計画的に市街化を図るべき区域（都市計画法第七条第二項）とされており、市街化区域の設定に当たっては、農林水産大臣と国土交通大臣等との間で協議して農業上の土地利用との調整を図った上で行うこととされています。

　このような市街化区域の性格にかんがみ、市街化区域内の農地の転用についてはあらかじめ農業委員会に所定の事項の届出を行えば、転用許可は要しないこととされています（農地法第四条第一項第八号、第五条第一項第七号）。

二、この農業委員会への届出は、転用事業者又は売買、賃貸借等の当事者の住所、氏名、土地の表示、転用事業計画、被害防除施設の概要、売買、賃貸借等の場合には契約の内容等所定の事項を記載した届出書を転用工事に着手する前に農業委員会に提出することによって行うこととなります。なお、この届出書には、①土地の所在図及び登記事項証明書（全部事項証明書に限られています。）、②その土地が賃借権の設定されている農地である場合には、農地法第一八条第一項の規定による許可のあったことを証する書面、③転用目的の売買等で、その転用が都市計画法第二九条第一項の開発許可を要するものである場合には、その許可を受けたことを証する書面を添付しなければなりません（農地法省令第二六条、第五〇条）。

三、市街化区域で生産緑地に指定されている農地等については生産緑地法上、農業用施設への転用であっても九〇平方メートル以上の場合は市町村長の許可を得る必要があります（生産緑地法第八条、同法政令第六条）。

〔問39〕市街化区域内の農地等の転用で、農業委員会に届出をしなかった場合にはどうなるのでしょうか。

答

市街化区域内における農地転用については、農業委員会に対する届出で足りることとなっています（問38参照）。しかし、これは、適法な届出が行われてはじめて農地法の転用許可を受けることを要しないこととなるわけですから、適法な届出を行わないでした農地の転用及び転用のための農地等の権利の取得は、農地法に違反し、その権利の取得の効力は生じないことはもちろん、第五一条の規定により工事の中止命令等がなされることがあるほか、第六四条、第六七条の罰則の適用があります。

〔問40〕　農業委員会は、届出を受理しないことができますか。それはどういう場合ですか。

答

一、市街化区域内の農地を転用する場合は、あらかじめ農業委員会に対し、土地の位置等を示す書類等を添付した届出書を提出し受理されれば、転用許可を要しないこととされています（農地法四条一項八号、政令第三条）（問38参照）。

二、農業委員会は届出書の提出があった場合には、速やかに審査を行って適法なものは受理し、適法でないものは不受理とします（農地法政令第三条第二項）。届出を適法でないとして不受理とすることができる場合とは、次に掲げるような場合です。なお、この届出の不受理は、行政不服審査法による審査請求の対象となる処分であるとされています。

(1)　届出に係る農地が市街化区域内にない場合

(2)　届出者（農地法第五条の届出の場合には、権利を設定し、又は移転しようとする者）が届出に係る農地につき何らの権原も有していない場合

(3)　届出書に所定の記載がなされていない場合

(4)　届出書に添付すべき書類（①土地の位置を示す地図及び土地の登記事項証明書（全部事項証明書に限られています。）、②賃貸借の解約等の許可のあったことを証する書面、③都市計画法第二九条の開発許可を受けたことを証する書面）の添付がない場合

〔問41〕 転用許可を受けないで転用した場合、あるいは許可の条件に違反して目的どおり転用しなかった場合どのようになりますか。

答

一、農地を転用する場合及び農地又は採草放牧地を転用するため所有権、賃借権等の権利を設定又は移転する場合には、原則として都道府県知事（指定市町村においては指定市町村の長）の許可を受けなければなりません（農地法第四条、第五条。問32参照）。

二、転用許可を受けないで農地の転用をした場合には、農地法に違反することとなり、農地等の権利取得の効力は生じないのみならず、知事等は、土地の農業上の利用の確保、他の公益及び関係人の利益を衡量して特に必要があると認めたときは、無断転用者に対しその必要な限度において工事等の中止、又は相当の期間を定めて原状回復その他違反行為の是正のため必要な措置を命ずることができるほか罰則を適用することができることとされています（農地法第五一条、第六四条、第六七条）。

なお、無断転用者が知事等の原状回復その他違反を是正するための措置命令に従わなかったときなどは、知事等が自ら違反者に代って原状回復その他の措置を行い、これに要した費用は行政代執行法を準用して無断転用者から徴収することができるほか、罰則を適用することができます。

三、また、転用許可を受けた土地が転用目的に供されないままに放置されていることは、土地の有効利用、農地法励行の上からみて好ましいことではありません。このため、転用許可に際しては、転用を完了すべき期限等に関して条件を付し（事務処理要領第4・1⑹ウ）ており、許可を受けた者がこの許可条件に違反しているときは、事情を調査し、その結果、相当の事情がないにもかかわらず転用事業に着手せず今後も転用事業を確実に行うと認められないときは、農地法第五一条の規定に基づき許可の取消し又は許可条件の変更を命令することができることになっています。

以上のほか、事務処理上の扱いとして、転用許可を受けた土地についてその後の事情変更によって事業計画どおりに工事を実行できなくなった場合で、そのことについて相当の理由が認められるときは、転用許可権者の承認を受けた上で、転用目的の変更、当初計画者に代わり当該地について転用を希望する者への事業の承継等事業計画の変更により事業の完了を図ることを指導上認めています。なお、この場合当該土地が農地にあたるとき等は、あらためて農地法の許可を受ける必要があります（事務処理要領第4・6⑶エ）。

〔問42〕 農地を住宅用地等に転用する場合どのような手続きが必要でしょうか。

答

一、農地法では、農地を転用する場合及び農地又は採草放牧地を転用するため所有権、賃借権等の権利を設定又は移転する場合には、原則として都道府県知事（指定市町村においては指定市町村の長）の許可を受けなければならないことになっています（農地法第四条、第五条）。

二、農地法第四条は、農地を転用しようとする者に適用されるものであり、この許可を受けようとする場合は、申請者の住所、氏名、土地の表示、転用計画、転用することによって生ずる付近の土地の被害の防除施設の概要等所定の事項を記載した転用許可申請書を、その農地の所在地を管轄する農業委員会を経由して知事等あてに、提出しなければならないこととされています（農地法第四条第二項）。この場合、転用しようとする農地が土地改良区の地区内にあるときは、申請書にその土地改良区の意見書を添付しなければなりません（農地法施行規則第三〇条第六号）。また、転用しようとする農地が貸借している農地である場合には、借受人の同意があったことを証する書面、転用に関連して他法令の許認可等を要する場合において、これを了しているときは、その旨を証する書面、そのほか申請に係る農地の登記事項証明書（全部事項証明書に限られています。）、土地の位置を示す地図等を申請書に添付する必要があります。
三、農地法第五条は、転用目的で農地又は採草放牧地について、所有権、賃借権等の権利を設定、移転しようとする場合の売買、賃貸借等の法律行為をする当事者に適用されるものであり、この許可を受けようとする場合は、第四条の場合とほぼ同様の事項を記載した転用許可申請書を、農業委員会を経由して知事等あてに、提出しなければならないこととされています（農地法第五条第三項）。なお、申請書に添付を要する書類等は第四条の場合と同様のものです。
四、農業委員会は、知事等あての許可申請書を受理したときは、その内容を検討し、農業委員会の意見書を申請書に添付して、四〇日以内（都道府県農業委員会ネットワークの意見を聴くときは八〇日以内）に知事等に送付しなければならないこととされています（農地法第四条第三項・同法省令第三二条）。知事等は、この許可申請書を受理したときは、その内容を審査し、許可又は不許可を決定して、その指令書を申請者に交付するとともに、写しを農業委員会に送付することとされています。なお、農業委員会が三〇アールを超える農地の転用について知事等に意見を述べようとする場合は、あらかじめ都道府県農業委員会ネットワーク機構（農業会議）の意見を聴かなければなりません（農地法第四条第四項、第五条第三項）。三〇アール以下の農地の転用についても同機構の意見を聴くことができます。
五、また、市街化区域内の農地を転用する場合は、市街化区域が計画的に市街化を図るべき区域とされていること、市街化区域の設定に当たっては農林水産大臣と国土交通大臣との間で協議して農業上の土地利用との調整を図っていること等の事情を考慮して、あらかじめ農業委員会に所定の事項の届出を行えば、転用許可は要しないことになっています。

〔参考〕

許可申請書等の様式、記載要領、添附書類は巻末附録参照。

転用許可の手続き

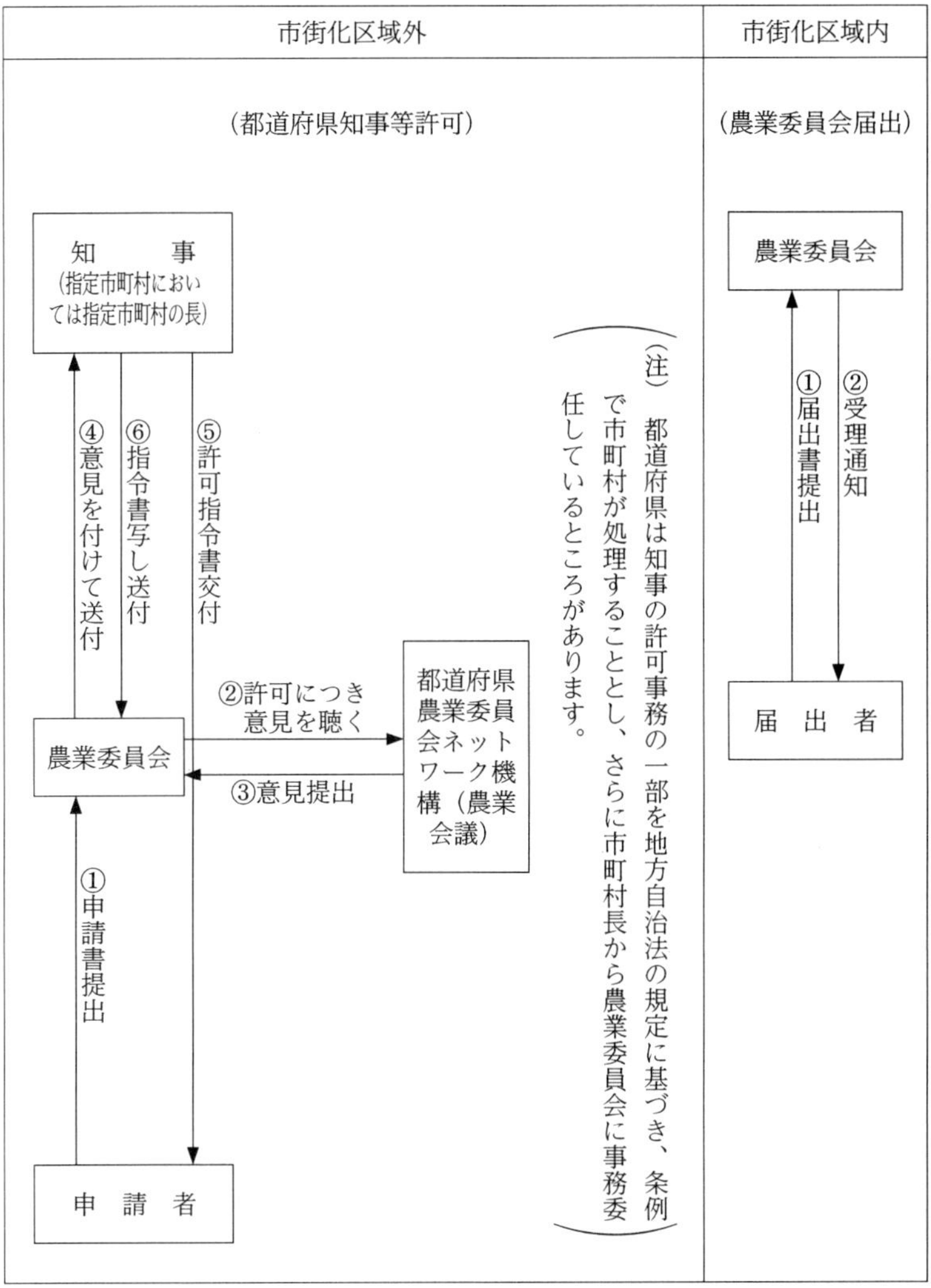

市街化区域外
市街化区域内
（都道府県知事等許可）
（農業委員会届出）
知　　事
（指定市町村においては指定市町村の長）
④意見を付けて送付
⑥指令書写し送付
⑤許可指令書交付
農業委員会
②許可につき意見を聴く
③意見提出
都道府県農業委員会ネットワーク機構（農業会議）
①申請書提出
申　請　者
（注）都道府県は知事の許可事務の一部を地方自治法の規定に基づき、条例で市町村が処理することとし、さらに市町村長から農業委員会に事務委任しているところがあります。
農業委員会
①届出書提出
②受理通知
届　出　者

〔問43〕 自分の農地に住宅を建てる場合にも許可がいるのでしょうか。農業用施設用地の場合も同様でしょうか。

答

一、農地法では、農地を転用する場合及び農地又は採草放牧地を転用するため所有権、賃借権等の権利を設定又は移転する場合には、原則として都道府県知事（指定市町村においては指定市町村の長）の許可を受けなければならないこととされています（農地法第四条、第五条）。したがって、自己所有の農地に住宅を建てる場合であっても農地の転用に該当するので農地法第四条の許可が必要となります。このように農地法が自己所有の農地を転用する場合においても許可を要することとしているのは、無秩序な農地のかい廃を規制し、農地のスプロール化を防止することにより農業生産の基盤となる優良農地の確保を図る必要があること等によるものです。

二、また、農地を農業用施設として転用する場合にも原則として許可を要しますが、その施設が農地の附帯施設等として農作物の栽培に必要不可欠なものであることから、特例として、自己の農地の保全又は利用上必要な施設、例えば自らの耕作の事業のため道路、用排水路、土留工、防風林等の施設に転用するときは、その転用面積に関係なく許可を要しない（問31参照）こととし、また、自己所有の農地を温室、畜舎、作業場等農業経営上必要な施設に転用する場合で、その転用する農地の面積が二アール（二〇〇平方メートル）未満であるときも、許可は要しないことになっています（農地法施行規則第二九条第一号）。

〔問44〕　宅地造成をするだけの転用は認められますか。

答　住宅等の建物を建てないで、宅地造成だけの転用を行い、その造成した土地を分譲する事業を宅地分譲を目的とする宅地造成事業といいますが、このような宅地分譲を目的とする農地の転用（一定の要件を満たす建築条件付売買を予定する場合は除かれます。）については、農地転用許可の基準では、①地方公共団体が行うもの、②独立行政法人都市再生機構が行うもの、③国（国が出資している法人を含みます。）の出資により設立された法人が行うもの、④公益法人等が行う事業であって住宅その他の施設の建設の行われることが確実なもの、さらに⑤次に掲げるような宅地分譲事業のほかは、一般に転用目的としては適当でないものとして許可しないこととされています（農地法施行規則第四七条第五号）。その理由は、宅地分譲を一般的に認めた場合、農業生産の基盤である農地がいわゆる土地ころがしの対象とされ、投機目的に供されることとなり、その結果いたずらに遊休化していくといった不都合な事態の発生が考えられるからです。この場合の宅地とは、住宅用地に限らず工場用地、その他の施設用地の全てが含まれます。

なお、いわゆる建築条件付宅地分譲であって一定の要件を満たすものについては、宅地造成のみを目的とするものに該当しないものとして許可できることとされています（問45参照）。

① 都市計画法第八条第一項第一号の用途地域内において行う宅地分譲を目的とする宅地造成事業であって、工場、住宅その他の施設の建設が行われることが確実であるもの

② 国の出資により設立された法人、地方公共団体の出資により設立された一般社団法人又は一般財団法人等が農村地域への産業の導入に関する実施計画に係る産業導入地区内において行う宅地分譲を目的とする宅地造成事業

③ 総合保養地域整備法に基づく重点整備地区、土地改良法に基づく非農用地区域、集落地域整備法に基づく集落地区整備計画の区域、多極分散型国土形成促進法に基づく重点整備地区内又は地方拠点都市地域の整備及び産業業務施設の再配置の促進に関する法律に基づく拠点地区内において行う宅地分譲を目的とする宅地造成事業等であって、住宅その他の施設等の建設が行われることが確実なもの

〔問45〕 農地転用が認められる建築条件付宅地分譲の要件を教えてください。

答 一、農地転用が認められる建築条件付宅地分譲の要件は次の三つです。

① 分譲事業者と土地購入者とが対象土地の売買契約を締結し、事業者自身または事

業者が指定する建設業者と土地購入者とが建築する住宅について一定期間内（おおむね三カ月以内）に建築請負契約を締結すること。

②　一定期間内に建築請負契約が締結されなかった場合には、売買契約が解除されることが契約書に規定されていること。

③　事業者は、転用許可を受けた全ての土地の販売ができないと判断したときは、販売できなかった土地に自ら住宅を建設すること。

具体的な許可申請に当たっては、地元農業委員会に必要な添付書類などをご確認ください。

〔問46〕　農地転用についていろいろ相談したいと思いますが、相談窓口が開かれているのでしょうか。

答

一、農地転用に関する一般からの相談に対しては、従来、農地転用事務の一環として対応されており、都道府県及び農業委員会によっては電話による相談のほか巡回又は定例の相談会を開催するなど、それぞれの地域の実情等に即して相談に当たっています。

二、また、農地転用及び農業振興地域制度に係る相談、都道府県及び農業委員会においても相談体制が整備されています。

各都道府県に相談される場合には、農地転用及び農業振興地域の担当課を確認し、氏名及び相談の趣旨等を簡明に述べた上で行って下さい。

三、相談で対応する主な事項は、①農地転用に関すること、②農業振興地域の農用地区域からの除外に関することの相談・苦情ですが、許可申請等を行っている者以外の者からの申請内容の照会等に応ずることはできません。

V　農地の貸借

〔問47〕　農地を借りて耕作してきたところ、貸主がこの農地を売りに出す旨の話を聞きました。売るときは、借受者の同意が必要でしょうか。また、所有者が替わっても耕作が続けられますか。

答　農地法においては、かつて所有権以外の権原に基づいて耕作の事業に供している農地等の所有権を借りて耕作している者以外に移転しようとする場合には、借りて耕作している者の同意がなければ農地法第三条の許可がなされないことになっていました。

しかし、平成二一年の農地法の改正により、この規定がなくなり、借りて耕作している者の同意が不要となりました。

このため、貸している者が農地の所有権を移転する場合には、借りて耕作している者に対し同意を求めることなく所有権移転ができるようになりましたが、貸借が賃貸借であれば、借受者は農地の引渡しをもってその後所有権等の物権を取得した第三者に対して賃借権を主張できる（同法第一六条）ことになっていますので、引き続いて耕作することができます。また、永小作権の場合には、登記してあれば同様に新しい所有者にこれらの権利を主張できます（民法

第一七七条)。

なお、これらの場合で許可対象となるのは一年に満たないうちに新たな所有者による耕作が可能となり、全て効率利用できる場合に限られます（農地法政令第二条第一項第二号、処理基準第3・3⑷)。これ以外の場合は、所有権を取得する者が効率的利用ができないものとして、原則許可はなされないことになります。また、貸借が使用貸借（無償で借りる契約）の場合には、新しい所有者に対して耕作する権利を主張することができません。

〔問48〕 農地を一度貸したら返してもらえないと聞きますが、どうしてこのようにいわれるのですか。

答

一、農地法においては、農地を借りて耕作している者の地位の安定を図るとともに、土地利用の合理化を図る観点から、農地の賃貸借については、次のような特別の規定を設けています。これらの制限等があることから、一般に農地等は貸したら返してもらえないといわれているようです。

① 農地等の賃貸借は、登記がなくても引き渡しがあったときは、その後所有権等の物権を取得した第三者に対抗できます（農地法第一六条)。

② 農地等の賃貸借で期間の定めがある場合は、原則として当事者が期間の満了の一年前か

ら六カ月前までの間に相手方に対して、更新しない旨の通知をしないときは、期間の満了時に従前の賃貸借と同一の条件で更に賃貸借したものとみなされます（これを「法定更新」といいます。農地法第一七条）。

③　②の更新しない旨の通知をする場合、あるいは賃貸借を解除し、又は解約の申入れをする場合等農地の賃貸借を終了させるときには原則として都道府県知事の許可を受ける必要があります（農地法第一八条）。

この許可は次のような場合でなければ許可されないことになっています。

ア　賃借人が信義に反した行為をした場合

賃借人が、催告を受けたにもかかわらず借賃を支払わないとか、賃貸人に無断で他に転貸したり、農地以外に転用した場合等で、賃借人に何らやむをえない事情がない場合

イ　農地等を転用することが相当な場合

農地等以外に転用する計画があって、それに確実性があり、また農地等の立地条件からして転用の許可が見込まれ、かつ賃借人の離作条件等からみて転用実現のため賃貸借を終了させることが相当の場合

ウ　賃貸人の自作を相当とする場合

賃借人の生計、賃貸人の経営能力等を考慮し、賃貸人がその農地又は採草放牧地を耕作又は養畜の事業に供することを相当とする場合

エ　賃借人が農地中間管理権の取得に関する協議の勧告を受けた場合
オ　農地所有適格法人の要件を欠いた法人から賃貸地の返還を受けて耕作等に供すべき農地等の全てを効率的に利用して耕作等を行うと認められ、その事業に必要な農作業に常時従事すると認められる場合
カ　その他正当の事由がある場合
　ア～オの場合以外であって、例えば賃借人から解除する場合、賃借人が離農する場合等解約を認めることが相当の場合（処理基準第9・2(4)）

二、一のような規定が設けられたのは、賃借人の耕作権を保護するためですが、近年、農地の流動化による経営規模の拡大が要請されているにもかかわらず、これらの規制があるために、規模縮小の意向がある農家であってもなかなか第三者に農地を貸したがらないというように農地の流動化の阻害要因となっている場合もあることから、これらの制限の一部が緩和され、農地の貸付希望農家が安心して貸せるような法律上の条件整備がされています。
　具体的には、①一〇年以上の期間の定めのある賃貸借の期間の満了に伴う更新拒絶の通知には、都道府県知事の許可を要しないこととし、②農業経営基盤強化促進法第一九条の規定による公告があった農用地利用集積計画によって賃借権が設定されたとき及び農地中間管理法第一八条第七項の規定による公告があった農用地利用配分計画の定めるところによって賃借権が設定されたとき等は法定更新の規定の例外として、期間が満了すると更新拒絶の通知

をしなくても賃借権が終了することにする等農地の流動化を進めるための特例が設けられています。

〔問49〕　農地を無償で貸しているのですが、返してもらう場合に農地法の許可が必要でしょうか。

答　無償で農地を貸借している場合の権利関係は、一般的には民法上の使用貸借による権利であると考えられます。農地法では第一八条で「農地……の賃貸借の当事者は、……都道府県知事の許可を受けなければ、賃貸借の解除をし、解約の申入れ……をしてはならない」と農地の賃貸借に限って解約等の制限をしており、使用貸借による権利については特別の制限をしていません。従って、使用貸借の期間を定めている場合には期間満了とともに、期間を定めていない場合には使用貸借の目的を達したと認められるときに、返還してもらえることになります。

このように農地法が、使用貸借について賃貸借のような特別の制限をしていないのは、使用貸借の場合は賃貸借のように対価を伴わないため、恩恵的な貸借関係であることが多い等権利の内容に違いがあるためです。

〔問50〕 戦前から貸している農地を返してもらいたいのですが、どのような手続きをすればよいでしょうか。

答

一、戦前から貸している農地（賃貸借の場合が最も一般的ですので、ここでは賃貸している農地に限定して説明します。）で、戦後の農地解放の際に解放されずに現在まで続いている賃貸借は、当初から期間の定めのないものはもとより、当初は期間の定めがあったものでもその後の法定更新により現在ではそのほとんどが期間の定めのない賃貸借となっているものと考えられます。

このような期間の定めのない農地の賃貸借を解消して農地を返還してもらうための手続きとしては、賃借人との間で合意による解約（賃貸借している農地を返還する約束の期限前六カ月以内に文書で合意している場合に限られます。）する場合等を除いては、原則として賃貸人が農地法第一八条の都道府県知事の許可（許可の基準については問48・一・③参照）を得て賃借人に対して契約の解除又は解約の申入れをすることになります。

二、しかし、「契約の解除」ができるのは、一般には賃借人が特別の事由がないのに借賃を支払わない場合や、無断で第三者に転貸した場合、無断で住宅等に転用してしまって農地として利用できなくしてしまった場合など、賃借人が信義に反する行為をした場合で、農地法第一八条第二項第一号に該当するものとして許可された場合ですし、また、「解約の申入れ」をすることができるのは、転用することが相当の場合、賃貸人が自作することが相当の場合など（同項第二号～六号）に該当するものとして許可された場合ということになります（問48・一・③参照）。

なお、期間の定めのない賃貸借の解約の申入れは、農地法第一八条の許可を受けたうえで、現在の作物の収穫が終了した後に行い、農地の返還を受けるのはそれから一年後になります。

三、農地法第一八条の許可申請書は、賃貸借している農地の所在する市町村の農業委員会を経由して都道府県知事あてに提出することになります。

〔参考〕　許可申請書の様式、記載要領は巻末附録参照。

〔問51〕　一〇年の約束で農地を賃貸しました。間もなくこの一〇年になりますので、この際返してもらいたいのですがどうすればよいでしょうか。

答　一、農地の賃貸借を終了させるために解約の申入れをし、又は更新しない旨の通知をする場合には、原則として農地法第一八条により都道府県知事の許可を得る必要がありますが、一〇年以上の期間の定めのある賃貸借の期間満了の際にする更新拒絶の通知については、この許可を受けることなくできます。これは、農業経営の規模拡大を促進するため、農地の貸借が円滑に進むようにするという観点から設けられているもので、最初から一〇年以上の期間についてその農地が耕作できることが確定しているような賃借地については、賃借人としても営農計画がきちんと樹立できるため、一〇年後に返還しても支障がないと考えられるからです。

二、しかしながら、この場合でも、期間満了の一年前から六カ月前までの間（例えば令和三年一月一日から一〇年間の契約の場合は令和一二年一月一日から同年六月三〇日までの間）に賃借人に対して更新しない旨の通知をする必要があります。これをしないと農地法第一七条の規定により法定更新されますので注意する必要があります。

〔問52〕　賃貸している農地を返してほしいと申し出たら離作料を支払うようにいわれました。離作料とはどのようなものでしょうか。

答　一、一般に離作料といわれているのは、賃借している農地を返還するに当たり、賃貸人から賃借人に支払われる給付のことです。地域によっては作離料、立退料等いろいろな名称で呼ばれています。

その内容は現実には大きくわけて、①賃借人が当該農地の耕作ができなくなることにより生ずる農業経営上の損失を補償するもの、②賃借地を耕作する権利としてのいわゆる耕作権を消滅することに対する補償（農地価格の分け前的なもの）となっているものに大別されますが、通常はこれが単独あるいは複合したものを離作料として支払っているのが実態のようです。

二、離作料の支払いは、地域によっては戦前から行われていましたが、その多くは戦後になって、広く行われるようになりました。戦後、農地調整法及びこれを引き継いだ農地法において、耕作者を保護するため、農地の賃貸借について、農地の引き渡しによる対抗力の付与（農地法第一六条）、法定更新（同法第一七条）さらには解約についての都道府県知事の許可（同法第一八条）等の規定を設けたことに伴い、容易に農地の賃貸借の解約等ができなくなった結果、その反射的なものとして、賃貸借関係を終了させる際に離作料と称して一定の金銭等が支払われるようになったものです。このような経緯からもわかるように離作料は実態として支払われているものであって、農地法などの法令で定められているものではありませんし、計算方法も一般化したものはありません。

三、実際の離作料の支払いについては、地域によっては支払慣行がないところもあり、また、支払慣行があるところでも、解約の目的が耕作目的か転用目的か、賃貸借契約の時期がいつであったのかなどによってまちまちです。

それぞれの地域における離作料の慣行などについては、貸している農地の所在する農業委員会に聞いて下さい。

〔問53〕 賃借人が耕作を放棄して一〇年も経っています。今ではもう耕作する意思もないようですが、このような場合には農地を返してもらえるでしょうか。

答

一、農地の賃貸借を終了させて農地を返還してもらうためには、賃貸借の解除、解約等をする必要があります。この場合、合意による解約であって、当事者双方の合意が農地の返還を受けることとなる期限前六カ月以内の書面で明らかにされていれば、農地法の許可を受ける必要はありません。合意解約以外の場合は、農地法第一八条による都道府県知事の許可を受けた上で解除又は解約の申し入れをして賃貸借を終了させることになります。

二、賃借人が一〇年以上も耕作放棄をしているとのことですが

① 長期間耕作放棄していることにより、農地が容易に耕作の用に供することができないような状態になっている場合、特別の事由もなしに不耕作としている場合であれば、一般的には賃借人に信義に反する行為があるとして賃貸借の解除について許可されると考えられます（農地法第一八条第二項第一号）。

② また、農地が元の状態に復元できないような状態にはなっていないとしても、賃借人が農地を適正かつ効率的に利用していない場合には、賃貸借を存続させる必要はないと考えられますので、解約の申入れをすることについて正当な事由があるとして許可されると考

えられます（同条第二項第六号）。

③　さらに、このような状況の下で、この農地の賃貸人が、その農地を自作しようとするのであれば、自作することが相当であるとして許可が受けられます（同条第二項第三号）。

従って、これらに該当する場合は、都道府県知事の許可を受けた上で、賃貸借を終了させ、農地を返還してもらえることになります。

〔問54〕　賃貸人が借賃の増額を要求してきましたが、あまりに高額なので拒否しました。賃借している農地をとりあげられるでしょうか。

答

借賃の増額又は減額については、農地法では事情変更により契約借賃の額が不相当となった場合の増減額請求（同法第二〇条）について規定しています。

借賃の増額又は減額の請求をなしうるのは㋐借賃の形成要因である農産物の価格又は生産費が経済事情の変動により上昇又は低下したため、借賃の額が短期的にではなく長期的にみて不相当となる場合㋑近傍類似の農地の借賃に比較して不相当となった場合であり、このような場合であれば、契約期間中でも当事者は将来に向って借賃の額の増額又は減額の請求ができることとしています。

この場合、増額又は減額する額は、当事者双方の話し合いによって決まることになるわけですが、話し合いがつかない場合には、最終的には裁判によって解決することになります。裁判によって確定するまでの間は、増額（以下増額の場合について説明します）の請求を受けた賃借人側は自分が相当だと考える金額を支払って（相手方が受け取らないときは供託して）おけば借賃の不払等の契約違反にはなりません。これは当事者間の協議が調わない場合で請求者が裁判の手続きを始めていない場合でも同様ですので、著しい増額請求があったような場合もこのようにしておくとよいでしょう。

そして、裁判により増加額が確定した場合であって、裁判の確定までの間に支払った金額が判決の額に不足しているときは、不足額に年一〇％の利息を付けて追加支払いすることになります。

なお、当事者間で契約期間中借賃を増額しない旨の特約をしている場合には増額請求はできません（借賃を減額しない旨の特約は賃借人に不利な条件であるため認められません）。

〔問55〕　災害等で大幅に収穫が減少した場合に、借賃を減額してもらうことができるでしょうか。

答　一、かつては賃借地において、風水害、病虫害等の災害など不可抗力により収穫が激減し、その結果その年分の借賃の約定額を支払うことが困難となった場合——具体的には、小作料の額が田にあっては収穫された米の価額の二五%、畑にあっては主作物の価額の一五%をこえることとなった場合――には、借賃の減額請求権を行使することができることとされていましたが、平成二一年の農地法の改正でこの規定は廃止されました。

二、このため、その後は民法第六〇九条の「減収による賃料の減額請求」によることになりました。民法六〇九条では「耕作又は牧畜を目的とする土地の賃借人は、不可抗力によって賃料より少ない収益を得たときは、その収益の額に至るまで、賃料の減額を請求することができる。」となっています。この場合の収益とは、収穫のために投下した肥料代や労働賃金その他公課を差し引いた純収益とされ、収穫された生産物の価格ではありません。

三、賃借人が借賃の減額請求をしたときは、賃貸人の承諾の有無にかかわらず減額の効果が生じます。しかし借賃の減額請求権の要件が満たされている場合でも、賃借人が減額請求を行わない限り減額はされません。

なお、現実には減額して支払うべき借賃の額は必ずしも明確に定められない場合が多く、このことが紛争の原因となることも考えられます。このことから、借賃の減額請求をしなければならないような場合には、収穫が前提となることから、収穫が皆無である等収穫量が客観的に明らかな場合を除き、作物の収穫前に賃貸人（賃貸人の承諾が得られないときは、農業委員会等公正な第三者）の立会を求め、その減収の状況を確認した上で収穫するのがよいでしょう。

Ⅵ　遊休農地に関する措置

〔問56〕　農地を耕作しないと罰則があるのでしょうか。

答

農地は国民のための限られた資源、地域における貴重な資源であり、優良な状態で確保し、最大限に利用されることが重要です。このため、農地法では農地の権利を有する者に対して農業上の適正かつ効率的な利用をすることを義務付けており（農地法第二条の二）、遊休農地に関する措置を設けています（農地法第三〇条～四二条、問57、問58参照）。

このうち、農地法第四二条では、病害虫の発生等により、農地周辺の地域における営農条件に著しい支障が生じ、又は生ずるおそれがある場合に市町村長は支障の除去等の措置を命令することができると定めており、農地法第六六条において、この命令に違反した場合は三〇万円以下の罰金に処するとしています（問58参照）。

なお、平成二九年度から農地法に基づき、農業委員会が農地所有者に対して農地中間管理機構と協議すべきことを勧告した農業振興地域内の遊休農地を対象に固定資産税の課税が強化されています（問63参照）。

〔問57〕　遊休農地に関する措置はどうなっているのでしょうか。

答

近年、遊休農地が増加し、地域の農地利用上問題となっています。これらの遊休農地の利用を図るため農地法で次のような仕組みが措置されています。

一、農業委員会は、毎年一回、その区域内にある農地の利用状況調査（農地法第三〇条）を行います。

二、農業協同組合、土地改良区その他の省令で定める農業者で組織する団体、周辺地域で農業を営む者（その者の営農条件に著しい支障が生ずる場合等）、農地中間管理機構は、次の三のいずれかに該当する農地があるときは、農業委員会に申し出て適切な措置を講ずべきことを求めることができます（農地法第三一条）。

三、農業委員会は、一の農地の利用状況調査の結果、次のいずれかに該当する農地があるときは、所有者等に対し、その農地の農業上の利用意向調査を行います。この場合において、所有者等を確知することができないときは、その旨及び所有者等はその権原を証する書面を添えて農業委員会に申し出るべき旨等を公示するものとしています（農地法第三二条）。

①　現に耕作の目的に供されておらず、かつ引き続き耕作の目的に供されないと見込まれる農地

② 農業上の利用の程度がその周辺の地域における農地の利用の程度に比し著しく劣っていると認められる農地（①の農地を除く）

なお、農地が数人の共有に係るものであって、かつ、相当な努力が払われたと認められるものとして政令で定める方法により探索を行ってもなおその農地の所有者等の一部を確知することができないときは、農業委員会は、農地の所有者等で知れているものの持分が二分の一を超えるときに限り、農地の所有者等で知れているものに対し、同項に規定する利用意向調査を行います（農地法第三二条第二項）。

（注） 共有農地における賃貸借等の設定

数人の共有に係る農地については、その農地の所有者等で知れているものの持分が二分の一を超えることが確認された場合には、二分の一を超える共有持分を有する者を相手方とすれば、賃貸借契約を締結することは可能ですが、この場合における賃貸借期間は五年を超えない期間に限定する必要があります。

四、農業委員会は、耕作の事業に従事する者が不在となり、又は不在となることが確実と認められるときは、その農地の所有者等に対し、利用意向調査を行います（農地法第三三条）。

五、農業委員会は、三、四の利用意向調査を行った場合において、農地の所有者等から農地中間管理機構に賃借権等の設定等を行う意思がある旨の表明があったときは、農地中間管理機構に対し、その旨を通知します。この場合、農地中間管理機構は、農地の所有者等に対し、農地中間管理権の取得に関する協議を申し入れます（農地法第三五条）。

六、農業委員会は、三、四の利用意向調査を行った場合において、次のいずれかに該当するときは、農地の所有者等に対し、農地中間管理機構と農地中間管理権の取得に関する協議を行うべき旨を勧告します（農地法第三六条）。

①　農地を耕作する意思がある旨の表明があった場合において、その表明があった日から起算して六月を経過した日においても、農業上の利用の増進が図られていないとき。

②　農地の所有権の移転又は賃借権等の設定等を行う意思がある旨の表明があった場合において、その表明があった日から起算して六月を経過した日においても、所有権の移転又は賃借権等の設定等が行われないとき。

③　農業上の利用を行う意思がないとき。

④　利用意向調査を行った日から起算して六月を経過した日においても意思の表明がないとき。

⑤　その他農業上の利用が図られないことが確実であると認められるとき。

七、六の勧告の日から起算して二月以内に勧告を受けた者との協議が調わないときは、農地中間管理機構は、勧告の日から六月以内に、都道府県知事に対し、農地中間管理権の設定に関し裁定を申請することができます（農地法第三七条）。都道府県知事は、当該裁定の申請があった場合には、農地の所有者等に意見書を提出する機会を与えた上で、裁定を行います（農地法第三八条、三九条）。

八、三の所有者等（共有農地の場合、二分の一を超える持分を有する者）を確知することができない場合の公示の日から六月以内に農地の所有者等から申出がないときは、農業委員会は、その旨を農地中間管理機構に通知します。この場合において農地中間管理機構は、通知の日から起算して四月以内に、都道府県知事に対し、農地を利用する権利の設定に関し裁定を申請することができます。都道府県知事は、当該申請のあった場合には、七と同様の手続きを経て裁定を行います（農地法第四一条）。

Ⅵ　遊休農地に関する措置

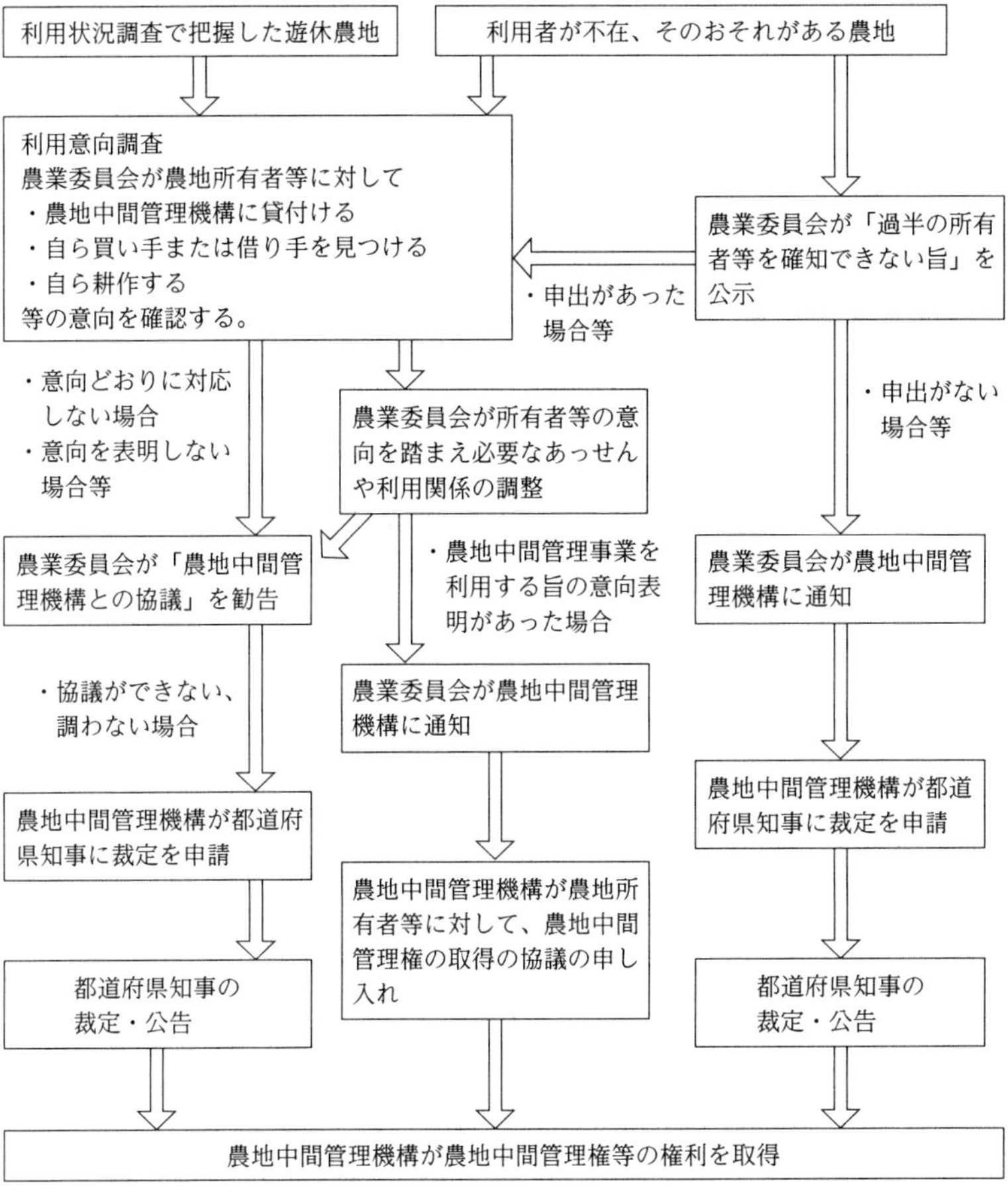

〔問58〕 遊休農地で病害虫の発生がある場合にどのような措置がとられるのでしょうか。

答

一、市町村長は、現に耕作の目的に供されておらず、かつ、引続き耕作の目的に供されないと見込まれる農地等における病害虫の発生、土石の堆積等により当該農地の周辺地域の営農条件に著しい支障が生じ、又は生ずるおそれがあると認める場合には、必要の限度において当該農地の所有者等に対して、期限を定めて支障の除去又は発生の防止のために必要な措置を講ずべきことを命ずることができます（農地法第四二条）。

二、市町村長は、一の措置が講じられないとき等は、自ら支障の除去等の措置を講ずることができます。その場合は、自ら講じ、これに要した費用を徴収する旨あらかじめ公告しなければなりません。

三、市町村長が、自ら措置を講じたときは、要した費用を所有者等に負担させることができます。なお、負担させる費用の徴収については、行政代執行法の規定が準用されます。

四、また、一の市町村長の命令に違反した者は、三〇万円以下の罰金に処するとされています（農地法第六六条）。

Ⅶ　農地台帳・地図

〔問59〕　農地法で法定されている農地台帳の内容及び取扱いはどのようなものでしょうか。

答　平成二五年の農地法の改正で、農地利用の効率化や高度化を円滑かつ効果的に進めるため、農業委員会が作成する農地台帳及び地図が法律に位置づけられました。

具体的には、農業委員会が一筆の農地ごとに農地台帳及び地図を作成し公表するとともに関係機関に情報を提供します。

(1)　農地台帳及び地図の作成（農地法第五二条の二、第五二条の三）

①　農地の所有者の氏名又は名称及び住所

②　農地の所在、地番、地目及び面積

③　農地に地上権、永小作権、質権、使用貸借による権利、賃借権又はその他の使用収益を目的とする権利が設定されている場合は、これらの権利の種類及び存続期間並びにこれらの権利を有する者の氏名又は名称及び住所並びに借賃等の額

④　その他農地に係る遊休農地に関する措置の実施状況等省令で定める事項（省令第一〇一条）

を記載した農地台帳及び地図を磁気ディスクで調製します。

(2) 公表（農地法第五二条の三）

農業委員会は、農地台帳に記録された事項についてインターネットの利用、その他の方法により公表します。

ただし、公表することにより個人の権利を害するもの（贈与税又は相続税の納税猶予の適用を受けているか等）、その他公表することが適当でないものは、公表の対象外とすることとしています。

インターネットでの公表は、全国農業会議所が運営している「全国農地ナビ（農地情報公開システム）」において、平成二七年四月から実施しています。全国の農業委員会等から農地台帳の公表項目と地図のデータを収集し、航空写真や地形図の上に農地の所在を〝ピン〟で表示することで情報を公開しています。

(3) 情報の利用（農地法第五一条の二）

都道府県、市町村、農業委員会は、農地に関する情報を内部で利用し、又は相互に提供するとともに、他の地方公共団体、農地中間管理機構その他の者に情報の提供を求めることができます。

Ⅷ　農地についての税制

〔問60〕　農地を売ったり、買ったりした場合には、税制の特例があると聞きますが、どのような特例でしょうか。

答

一、農地等を売った場合

(1)　個人又は農地所有適格法人が農地等を譲渡した場合、当該譲渡によって生じた所得（譲渡益）に対しては、一般的に所得税又は法人税及び住民税（都道府県民税、市町村民税）等が課税されます。

(2)　しかしながら、農地等の譲渡が、譲受人の農業経営の規模拡大等政策上望ましい方向で行われることを助長するため、農地等が一定の要件に該当する形で譲渡された場合には、農地等を譲渡した者の所得税等の課税につき次のような優遇措置が講じられています。

①　一定の事項が定められた農用地利用規程に基づく農用地利用改善事業実施地区内の農用地を農地中間管理機構に譲渡した場合の所得税又は法人税の特別控除制度

国や地方公共団体、（独）都市再生機構、地方住宅供給公社等が土地区画整理事業として行う公共施設の整備改善や宅地造成のために買い取られる場合などに、譲渡所得から二、〇〇〇万円を控除したものとする特例が適用されます。

なお、令和元年以降、改正後の農業経営基盤強化促進法に基づき、一定の事項が定められた農用地利用規程に基づき行われる農地利用改善事業の実施区域内にある農用地が、その農用地の所有者の申出に基づき農地中間管理機構に買い取られる場合がこの特例に追加されました。

② 農地中間管理機構の買入協議に基づき譲渡した場合の所得税及び法人税の特別控除制度

農業経営基盤強化促進法に基づく農地中間管理機構の買入協議により農用地区域内の農用地を農地中間管理機構に譲渡した場合、所得税及び法人税の課税対象額を譲渡所得から一、五〇〇万円を控除したものとすることができます。

③ 農地保有の合理化等のために農地等を譲渡した場合の所得税及び法人税の特別控除制度

農用地区域内にある農地等の譲渡で次の要件に該当する場合には、その課税対象額を譲渡所得から八〇〇万円を控除したものとすることができます。

ア 農地中間管理機構（公益社団法人又は公益財団法人に限られます。）に譲渡した場合

イ 農振法の規定に基づく農業委員会のあっせん等により譲渡した場合

ウ　農業経営基盤強化促進法第一九条の規定による公告があった農用地利用集積計画の定めるところにより譲渡した場合　等

④　住民税等

農地等の譲渡所得に係る個人及び法人の住民税については、所得税又は法人税と同様に特別控除額を控除した金額により算出されますので、所得税、法人税において特別控除を受けた場合には同様に軽減措置が受けられます。

二、農地等を取得した場合

農地等を取得した場合には、通常、不動産取得税（不動産の取得に対し課される地方税）、登録免許税（登記を受ける者に課せられる国税）等が課税されますが、一と同様に、譲受人の農業経営の規模拡大等に資するような農地の権利移動が行われるようにするとともに、規模拡大をする担い手の負担軽減を図るため、次のような税制上の特例が設けられています。

①　不動産取得税の軽減

通常は、固定資産課税台帳に登録された価格等（以下「土地の価格」といいます。）に標準税率四％（令和三年三月三一日までに取得した住宅・土地は三％）を乗じて課税されますが、次の場合には課税標準の軽減措置があります。

農業経営基盤強化促進法に基づく農用地利用集積計画の定めるところにより土地を取得した場合（令和五年三月三一日まで）

農用地区域内の土地は、土地の価格の三分の一を軽減

② 登録免許税

次の方法により農用地区域内の土地を取得し、一年以内にその登記を受ける場合には、登録免許税の税率が軽減されます（一般の売買登記の場合一、〇〇〇分の二〇）。

認定農業者等が利用権設定等促進事業により取得した場合（令和五年三月三一日まで、農業用施設用地を除きます。）一、〇〇〇分の一〇

〔問61〕 農地の相続や生前一括贈与を受けた場合の税金はどうなっているのですか。

答

一、相続又は贈与によって農地を取得した場合の相続税又は贈与税の課税については、原則として一般の相続又は贈与の場合と同様の取扱いがなされます。

すなわち、相続税については、相続財産の時価総額のうちから基礎控除額（三、〇〇〇万円と法定相続人一人当たり六〇〇万円との合計額）を控除した部分について課税され、贈与税については、贈与財産から基礎控除額（一一〇万円）を控除した部分について課税されます。

二、しかし、農地は農業生産の基盤であり、相続等による農業経営の細分化を防止する観点から、次のような税制上の特例措置が設けられています。

(1)　農地等の生前一括贈与を受けた場合の贈与税の納税猶予制度

①　農業を経営する個人（贈与者）が、その推定相続人のうち贈与後農業に精進すると認められる一人（認定農業者等に限ります。）に対し、農業の用に供している農地と採草放牧地等（以下「農地等」といいます。）について、農地にあっては全部、採草放牧地等にあっては三分の二以上を贈与した場合、当該贈与に係る贈与税は、贈与者の死亡の日まで納税が猶予されます。

②　その贈与者が死亡した場合には、贈与税は免除され、生前一括贈与の特例の対象とされた農地等は、相続開始のときに贈与者から相続したものとみなして贈与税よりも税率の低い相続税が課税されることになります。更に、相続人が農業を継続して行う場合には(2)で説明する相続税の納税猶予の特例の適用が受けられます。

③　なお、その贈与者の死亡の日前に受贈者が農業を廃止したり、当該農地等を他の第三者に譲渡等をした場合には、納税猶予の全部若しくは一部が打切られるので留意する必要があります（この場合の利子税の納付については(2)の②を参照のこと)。

ただし、農業経営基盤強化促進法に基づき貸付ける場合等には贈与税の納税猶予が継続する特例措置が設けられています。

(2)　農地等に対する相続税の納税猶予制度

①　農業を営んでいた被相続人から相続により農地を取得した相続人が、その農地等で農

業を営む場合には、その農地等の価格のうち、農業投資価格[注一]を超える部分に対する相続税の納税を猶予し、相続人が死亡した場合（生産緑地以外の市街化区域内は二〇年間（又は終身）営農を継続した場合）には、猶予税額を免除されます。

なお、農業経営基盤強化促進法で貸している場合等についてもこの納税猶予の適用対象となります。

② なお、①の日の到来前に農業を廃止したり、当該農地等を他の第三者に譲渡等をした場合には、納税猶予の全部若しくは一部が打切られ、その打切りに係る猶予税額とこれに対応する期間について利子税[注二]を併せて納付しなければなりません。

ただし、農業経営基盤強化促進法で貸し付ける場合等には納税猶予が継続する特例措置が設けられています。

（注一）「農業投資価格」とは、農地等につき、その所在する地域において恒久的に耕作又は養畜の用に供されるべき土地として自由な取引が行われるものとした場合において通常成立すると認められる価格であり、各国税局長が土地評価審議会の意見を聞いて各地域ごとに決定した価格です。

（注二）平成一二年一月一日以降の期間に対応する利子税については、特例基準割合（①平成一二年一月一日から平成二五年一二月三一日までは、各年の前年の一一月三〇日において日本銀行が定める基準割引率に四％を加算した割合、②平成二六年一月一日以降は、各年の前々年の一〇月から前年の九月までの各月における銀行の新規の短期貸出約定平均金利の合計を一二で除して得た割合として毎年の一二月一五日までに財務大臣が告示する割合に一％の割合を加算した割合をいいます。）が七・三％に満たない場合は、現行の利子率の割合に当該特例基準割合が七・三％に占める割合を乗じて計算した場合（〇・一％未満の端数がある場合は切り捨て）となります。

三、なお、この他、相続税と贈与税を一体化して取り扱う「相続時精算課税制度」が設けられています。詳しくは最寄りの税務署等でおたずね下さい。

〔問62〕　市街化区域内にある農地の固定資産税はどうなっているのですか。

答

一、固定資産税とは、毎年一月一日現在の固定資産の所有者に対して、土地、家屋及び償却資産等固定資産の価格（適正な時価＝固定資産税評価額）に一定の税率（標準税率一・四％）を乗じて課されるものです。

二、市街化区域内農地の宅地化の促進と周辺宅地との税負担の均衡を図るため評価額を宅地に準じたものとし、課税標準額の引上げが行われています。

三、市街化区域内農地は、次のように区分され、それぞれ評価及び課税（負担調整措置等）について異なる仕組みが採られています。

(1)　市街化区域内の生産緑地内の農地等

市街化区域内にあっても課税上は一般農地と同様の取扱いとなります。

(2)　一般市街化区域内農地

三大都市圏の特定市以外の市の市街化区域内農地は、宅地並に評価（近傍の宅地価格から造成費相当額を控除した価格によって評価）されますが、原則として宅地並み評価額に三分の一を乗じた額を課税標準として課税され、一般農地と同様の負担調整措置が適用されます。

(3) 三大都市圏の特定市の市街化区域農地（特定市街化区域農地）

三大都市圏の特定市（東京都の特別区及び首都圏、近畿圏、中部圏の既成市街地、近郊整備地帯などに所在する市である）にある農地（特定市街化区域農地）は、宅地並に評価し、宅地並課税の対象とされており、原則として宅地並み評価額の三分の一を乗じた額を課税標準として課税されます。また、負担調整措置も一般農地とは別に宅地等に準じた市街化区域内に係る調整措置が適用されます。

〔問63〕 耕作放棄地を所有していると税金が高くなるという話を聞きましたが、どういうことでしょうか。

答 土地を所有している場合、その所有者に対し市町村から固定資産税が課税されます。固定資産税の額は、その価格（適正な時価＝固定資産税評価額）に一定の税率（標準税率一・四％）を乗じて計算されますが、農地については、評価の際に農地売買の特殊性を考慮して正常売買価格に限界収益修正率（〇・五五）を乗じて適正な時価が評定されます。

平成二九年一月一日の賦課期日における評価から、農業委員会から農地法第三六条に基づき農地中間管理機構と協議すべき旨の勧告を受けている遊休農地については、この限界収益修正率を乗じないこととする（結果的に税額は一・八倍になる。）こととされました。

なお、この課税強化の措置は、勧告後、農地中間管理機構が借り入れる等により勧告が撤回されれば、撤回の翌年度以降解除されます。

Ⅸ　その他

〔問64〕今でも市町村外の者が貸している農地は国に買収されるのでしょうか。

答

一、平成二一年改正前の農地法はその目的で「農地はその耕作者みずからが所有することを最も適当であると認めて、耕作者の農地の取得を促進し」とうたっており（これがいわゆる自作農主義といわれるものでした）、この目的を達成するため、改正前の同法第六条では①貸している農地の所在する市町村の区域外に住所を有する所有者による全ての貸している農地の所有と②貸している農地の所在する市町村の区域内に住所を有する所有者による一定面積（都府県平均一ヘクタール、北海道平均四ヘクタール）をこえる小作地の所有を原則として禁止していました（これらを小作地所有制限といっていました）。

そして、これらの所有制限に該当する小作地は、まず所有者から借りて耕作している者へ譲渡させることとし、所有者がこの譲渡に応じない場合には国が買収して、その土地を耕作している借受者で自作農として農業に精進する見込みがあるものに売り渡すこととしていました。

二、しかし、平成二一年の農地法等の改正において、農業経営の規模拡大が主として農地の貸借で行われていることから自作農創設を目的とした小作地所有制限及び国による買収制度は廃止されましたので、市町村外の者が所有する農地を貸しても国による買収は行われません。

〔問65〕　農地の競売に参加したいと思うのですが、どのような手続きが必要でしょうか。また、買受適格証明というのはどのようなものですか。

答

一、通常の不動産の競売の場合には、買受申出人のうち最高価買受申出人（又は次順位買受申出人）が競落することになりますが、農地の競売の場合には最高価買受申出人が決まっても、その者が農地法の規定による権利移動の許可を受けられなければ所有権を取得することができません。したがって、競落後この許可を受けることができなかった場合には、結局もう一度競売をやり直さなければならなくなり、関係者や関係機関にとって時間的、経済的に過度の負担になります。このため、このような不都合を未然に防止し、競売の進行を円滑にするため、農地の競売の場合は、買受けの申出ができる者を買受適格証明書を有している者に限定する取扱いがなされています。この買受適格証明書は、農地法第三条、若しくは第五条の許可又は第三条第一項第一三号、第五条第一項第七号の届出の受理の権限を有する農業委員会等が交付します。

二、買受適格証明書の交付は、農地法の許可又は届出の手続きに準じて行うこととされており、農地等の競売に参加しようとする者は農業委員会等に買受適格証明願を提出します。農業委員会等は、農地法のそれぞれの許可等ができるか否かの判断をし、できるものについて、買受適格証明書を交付します。

この買受適格証明書の交付は、農地法の許可・届出の受理そのものではありませんので、競売の結果最高価買受申出人又は次順位買受申出人となった者はこの旨の証明書を添付して農地法の許可又は届出の手続きをすることになりますが、既に実質的な判断が済んでいることから、許可等に要する日時も少なくなり、また、添付書類も省略できることになります。裁判所は、この許可証又は届出の受理証が提出された後に売却許可決定をすることになります。

〔参考〕 民事執行法による農地等の売却の処理方法について（平成二四年三月三〇日二三経営第三四七五号・二三農振第二六九七号農林水産省経営局長・農村振興局長通知、平成二四年三月三〇日、最高裁民三第〇〇〇二三三号（訟ろ－〇二）最高裁判所事務総局民事局長通知）

〔問66〕 競売を申し立てたのですが賃借地のため買受の申出者がいません。このような場合、国に買ってもらう方法があると聞きますがどのようにすればよいのでしょうか。

答　一、農地又は採草放牧地の競売（公売も同様です。）による所有権移転についても、一般の売買による場合と同様に、農地法に基づき農業委員会等の許可を受ける必要があります。

農地についての競売には買受適格証明書を有した者だけが参加できるわけですが（問65参照）、農地を担保にとって競売を申し立てたとしても、特に賃借権の付いている農地の場合は買受適格者が現われない場合も出てくると考えられます。しかしこれでは、債権者は農地を担保にとってもその債権を満足させることができないことになります。

そこで農地法第二二条では、債権者が農地等を競売に付しても買受適格者の参加がなかった場合には、その債権者の申出により、一定の条件のもとに国が競売手続きに参加しなければならないとし、国が農地等の最終的な買受人になることを義務づけています。

これは、債権者を保護するとともに農地等の担保価値を維持し、農業者のために農地等を担保とする資金の借入れを容易にしようとするものです。

二、この申出は、競売を申し立てた者が、農林水産大臣（実際の事務は、地方農政局、北海道にあっては農林水産省経営局、沖縄県にあっては沖縄総合事務局が行います。）に所要の書類を添付した買取申出書を提出して行います。

ただし、最低売却価額が農地法の買収対価（注）の計算で算出した額を超えている場合、抵当権等の担保権がついていて国が買受人となったときに債権を弁済する必要がある場合などには国は買取らないこととされています。

（注）「農地法の買収対価」は、当該農地の周辺地域における耕作目的での通常の取引価額を基準にして算出されます（農地法政令第一九条）。賃借権等が設定されていて、これらの権利に価格があるときは、算出された対価からその価格を差し引いて算出されます。

〔問67〕農地について紛争が生じた場合の解決方法にはどのようなものがありますか。

答　農地の利用関係等について紛争が生じ、当事者の間で話し合いがつかない場合の解決方法としては、一般の紛争解決のための手段としての裁判所による民事訴訟のほかに、民事調停法に基づく農事調停と農地法に基づく農業委員会（又は都道府県知事）による和解の仲介の制度が設けられています。これらの制度のあらましは、次のとおりです。

① 民事訴訟

民事訴訟制度は、広く私人間の紛争、利害関係の衝突を国家の裁判権によって法律的かつ強制的に解決、調整をする制度で、具体的な手続きは裁判所に訴訟を提起して行うことになります（民事訴訟法）。

法律的に白黒をつけるという意味では最良の方法ですが、裁判に時間がかかり、また、手続き等も法律で厳密に定められ、当事者が裁判所に行かなければならないこと、どうしても法律の専門家である弁護士に頼まざるを得ないことから費用がかかるという面があります。

② 農事調停（民事調停法第二五条）

農事調停制度は、民事調停法において民事調停の特則として設けられている調停の一つで、農地又は農業経営に附随する土地、建物等の農業資産の貸借その他の利用関係の紛争を民事調停委員に介入してもらい紛争当事者が互いに譲り合い、合意に基づいて実情に即した解決を図るための制度です。手続きは、原則として地方裁判所（当事者の合意で簡易裁判所とすることができます。）に調停の申立てをして行うことになります。

調停は、原則として裁判官である調停主任と、裁判所があらかじめ選任している民事調停委員二名以上からなる調停委員会で行うこととされており、成立した調停は、裁判による判決と同一の効力を有することになります。

調停は、一般に、訴訟に比べて法律による手続きの制約は緩やかであり、迅速、簡易にしかも少額の経費で紛争を解決することが可能で、しかも、公開されないものとされています。なお、農事調停には、農林水産省の小作官又は都道府県の小作主事の意見が反映されるようになっており、農地法の趣旨に沿った方向で調停がされるようになっています。

③　農業委員会等による和解の仲介（農地法第二五条）

農業委員会等による和解の仲介制度は、農業委員会又は都道府県知事が関与して紛争解決の糸口を見出し、早期に紛争処理を図り、農地法の円滑な運用に資する制度です。手続きは、当事者の双方又は一方から農業委員会に和解の仲介の申立てをして行います。

農業委員会に対して和解の仲介の申立てがあった場合には、農業委員会が農業委員の中から三人の仲介委員を指名し、この仲介委員が和解の仲介を進めます。

農業委員は必ずしも法律の専門家ではなく、また、調停委員のように厳密な基準はありませんが、地域の実情を良く知っており、紛争の経緯なり核心を良く知り得る立場にありますので、具体的な紛争の妥当な解決が図られる場合が多いと考えられます。

また、農地法第一八条の許可に係わる事項については都道府県の小作主事の意見を聞くことになっていますので、農地法上の問題にも適切な対応ができることになります。和解が成立しても判決とか成立した調停のような効力はありませんが、民法上の和解の効力（民法第六九六条）が生じ、調停に比べて更に手続き等が簡便であり実際の紛争解決には大いに役立っています。

以上のように、各制度ごとに特徴がありますので、具体的な紛争の内容に応じて、最も適当と思われる制度を選んで利用することが良いでしょう。

〔問68〕 農地法の許可申請をしたところ不許可になりました。この行政処分に不服がある場合の救済の途はどうなっているのですか。

答 一、一般に行政庁がした不許可処分等公権力の行使にあたる処分について不服がある場合にはその処分の取消し等を求めることとなりますが、その方法として次のものがあります。

(1) 行政庁に不服を申し立てる場合（行政不服審査法）

行政不服審査制度とは、行政庁の違法又は不当な処分その他公権力の行使に当たる行為に関し、国民に対し、行政庁に対する不服申立てを認めることにより、国民の権利利益の救済を図るとともに、行政の適正な運営を確保するものです。

裁判所による裁判では費用も時間も非常にかかるのに対し、行政不服審査は簡易、迅速な手続きによる救済制度といえます。行政庁が処分をする場合には、その処分に不服がある場合には不服申立てができる旨、不服申立てをすべき行政庁、不服申立てができる期間を教示することとなっていますので、それに従って不服申立てをすることになります。

(2)　裁判所に訴訟を提起する場合（行政事件訴訟法）

行政処分が法令に違反しているときは、裁判所に訴訟を提起することができます。

二、この行政不服審査と行政事件訴訟との関連は、原則として、法令の規定により不服申立てができる場合であっても裁判所に対して訴訟も提起できるものとされています。すなわち、農地法に基づく処分の取消の訴えは、当該処分についての審査請求に対する裁決を経なくても訴訟を提起することができるとされています。

また、裁決の内容に不服があれば裁決があったことを知った日の翌月から起算して六カ月以内に訴えを提起することになります。

なお、農地法に基づく処分のうち、①買収令書の対価、②遊休農地の利用に係わる農地中間管理権の裁定による借賃又は補償金については不服申立てをすることができないこととされていますので、これらについて不服があるときには、裁判所に対し訴えを提起することになります。

〔問69〕 行政不服審査の手続きはどのようになっているのですか。

答 一、行政不服審査法の不服申立てには、行政処分に対する審査請求と法令に基づく申請に対して何らの処分もしない不作為に対する審査請求があり、更に、この審査請求の裁決に不服がある場合にする再審査請求があります。

二、審査請求とは、行政処分をした（又は不作為に係る）行政庁（処分庁といいます。）の最上級行政庁又は個別法に定める行政庁に対して申し立てるものであり、処分庁に上級行政庁がない場合は処分庁が、処分庁の上級行政庁が主任の大臣や外局として置かれる庁の長等である場合には、その大臣や庁の長等が審査請求先となります。農地法に基づく主な処分に係る行政不服審査事務は次のとおりです。

農地法に基づく主な処分に係る行政不服審査事務

	農地法	処分庁	不服申立ての種類	審査庁	再審査庁
国の直接執行事務	九条　買収令書の交付（公示を含む）	地方農政局長（農地法第六二条、内閣府設置法第四四条・第四五条　権限の委任）	審査請求	農林水産大臣（農林水産本省）（審査法第四条第三号）	
		農林水産大臣（農林水産本省）—北海道	審査請求	農林水産大臣（農林水産本省）（審査法第四条第一号）	
法定受託事務 一号	四条・五条　許可（四ha超） 一八条　許可（五九条の二の場合を除く。） 三九条　裁定 五一条　違反転用に対する処分（都道府県知事が処分したもののうち①以外の場合）	都道府県知事	審査請求	〈処分又は不作為についての審査請求〉 農林水産大臣（地方農政局）（地方自治法第二五五条の二第一項第一号） 〈不作為についての審査請求〉 都道府県知事（地方自治法第二五五条の二第一項本文後段）	

	法定受託事務				
	一号				
農地法				四条・五条　許可（四ha超） 五一条　違反転用に対する処分（指定市町村の長が処分したもののうち②以外の場合）	
処分庁	地方事務所長等（地方自治法第一五三条　委任）	市町村長（地方自治法第二五二条の一七の二特例条例）	農業委員会（地方自治法第一八〇条の二委任）	指定市町村の長	農業委員会（地方自治法第一八〇条の二委任）
不服申立ての種類	審査請求	審査請求	審査請求	審査請求	審査請求
審査庁	都道府県知事（審査法第四条第四号）	都道府県知事（地方自治法第二五五条の二第一項第二号）	都道府県知事（地方自治法第二五五条の二第一項第二号）	都道府県知事（地方自治法第二五五条の二第一項第二号）	都道府県知事（地方自治法第二五五条の二第一項第二号）
再審査庁	農林水産大臣（地方農政局）（地方自治法第二五五条の二第二項）	農林水産大臣（地方農政局）（地方自治法第二五二条の一七の四第四項）	農林水産大臣（地方農政局）（地方自治法第二五二条の一七の四第四項）		

	法定受託事務 一号		
農地法	一八条　許可（五九条の二の場合のみ）		三条　許可 一項一三号・一項一四号の二　届出 三条の二　許可の取消 四条・五条　届出（四ha超） 一八条　賃貸借の解除の届出 四三条　届出（四ha超）
処分庁	指定都市の長（農地法第五九条の二）〈地方自治法第二五二条の一九指定都市〉	農業委員会（地方自治法第一八〇条の二委任）	農業委員会
不服申立ての種類	審査請求	審査請求	審査請求
審査庁	都道府県知事（地方自治法第二五五条の二第一項第二号）	都道府県知事（地方自治法第二五五条の二第一項第二号）	都道府県知事（地方自治法第二五五条の二第一項第二号）
再審査庁			

	農地法	処分庁	不服申立ての種類	審査庁	再審査庁
法定受託事務 二号	四条・五条 届出（四ha以下） 四三条 届出（四ha以下）	指定市町村以外の農業委員会	審査請求	都道府県知事（地方自治法第二五五条の二第一項第二号）	
自治事務	四条・五条 許可（四ha以下） 五一条 違反転用に対する処分（都道府県知事が自治事務として処分した場合①）	都道府県知事	審査請求	都道府県知事（審査法第四条第一号）	
		地方事務所長等（地方自治法第一五三条 委任）	審査請求	都道府県知事（審査法第四条第四号）	
		市町村長（地方自治法第二五二条の一七の二特例条例）	審査請求	市町村長（審査法第四条第一号）	
		農業委員会（地方自治法第一八〇条の二委任）	審査請求	農業委員会（審査法第四条第一号）	
	四条・五条 許可（四ha以下） 五一条 違反転用に	指定市町村の長	審査請求	指定市町村の長（審査法第四条第一号）	

	農地法	処分庁	不服申立ての種類	審査庁	再審査庁
自治事務	対する処分（指定市町村の長が自治事務として処分した場合②）	農業委員会（地方自治法第一八〇条の二委任）	審査請求	指定市町村の農業委員会（審査法第四条第一号）	
	四条・五条　届出（四ha以下） 四三条　届出（四ha以下）	指定市町村の農業委員会	審査請求	指定市町村の農業委員会（審査法第四条第一号）	

（注）農地法等の一部を改正する法律（平成二一年法律第五七号）附則第九条の規定による不服申立てについては、なお従前の例による。

三、再審査請求及び再再審査請求ができるのは法律に特別の規定がある場合等に限定されています。農地法の場合はこの特別の規定を置いていませんから、原則として再審査請求はできません。従って審査請求の裁決になお不服がある場合には、原則として行政事件訴訟法の規定に基づき裁判所に訴えを提起することになります。

四、審査請求の申立てができるのは原則として処分があったことを知った日の翌日から起算して三カ月以内に限られています（行政不服審査法第一八条）。

審査請求の申立先、提出期限等は、具体的な不許可等の処分書に〔教示〕として記載されているのが一般的ですが、この教示がないからといって審査請求等ができないということではありません。

不服申立ては、次の事項を記載した書面ですることが原則です（同法第一九条第一項）が、行政庁に対してこれらの事項を陳述することによって口頭ですることも可能です（同法第二〇条）。

審査請求の記載事項（行政不服審査法第一九条第二項）

① 審査請求人の氏名又は名称及び住所又は居所
② 審査請求にかかる処分の内容
③ 審査請求にかかる処分（当該処分について再調査の請求についての決定を経たときは、当該決定）があったことを知った年月日
④ 審査請求の趣旨及び理由
⑤ 処分庁の教示の有無及びその内容
⑥ 審査請求の年月日

〔問70〕　農地法の規定に違反した場合、罰則の適用があるのですか。

答

農地法に違反した場合にはその多くは罰則の適用があります。
具体的には農地法第六四条から第六九条までに次のように規定されています。

一、三年以下の懲役又は三〇〇万円以下の罰金（農地法第六四条）

① 農業委員会の許可を受けずに耕作目的で農地等の権利移動をした者（同法第三条第一項違反）

② 都道府県知事（指定市町村においては指定市町村の長）の許可（市街化区域内の農地にあっては農業委員会への届出）を受けずに農地を農地以外にする行為をした者（同法第四条第一項違反）

③ 都道府県知事（指定市町村においては指定市町村の長）の許可（市街化区域内の農地等にあっては農業委員会への届出）を受けずに転用目的で農地等の権利移動をした者（同法第五条第一項違反）

④ 都道府県知事の許可を受けずに農地の賃貸借の解約等をした者（同法第一八条第一項違反）

⑤ 偽りその他不正の手段により①～④までの許可を受けた者

⑥　違反転用者に対する都道府県知事（指定市町村においては指定市町村の長）の原状回復命令等に違反した場合（同法第五一条第一項違反）等

二、六カ月以下の懲役又は三〇万円以下の罰金（同法第六五条）

立入調査等を拒み、妨げ、又は忌避した者（同法第四九条第一項違反）

三、三〇万円以下の罰金（同法第六六条）

市町村の遊休農地の所有者等に対する措置命令に違反した者（同法第四二条第一項）

四、法人の代表者又は法人もしくは人の代理人、使用人、その他の従業者が、その法人又は人の業務又は財産について前記一、二、三の違反行為をしたときは、行為者を罰するほかその法人に対しては次により、人に対しては一～三の罰金刑を科することとされています（同法第六七条）。

⑴　一の②、③、⑤（農地転用に係る部分）、⑥の違反行為　一億円以下の罰金刑

⑵　⑴以外の一又は二、三　各本条の罰金刑

五、三〇万円以下の過料（同法第六八条）

農地所有適格法人が毎年事業の状況等の報告をしなかったり、虚偽の報告をした者（同法第六条第一項違反）

六、一〇万円以下の過料（同法第六九条）

農業委員会に対する権利取得の届出をしなかったり、虚偽の届出を届出をした者（同法第

三条の三違反）

〔参考〕

罰則が適用されたものに、次のようなものがあります。

農業振興地域内の農用地区域に所在する農地について、都道府県知事の許可を受けることなく賃貸し、建物を建築させ、一部資材置場として利用させた事案について、農地法及び農業振興地域の整備に関する法律の違反として懲役六月、執行猶予二年の罪とされた。

〔問71〕　戦前から住宅地として使っているのですが、登記簿を見たところ地目が畑となっているので地目を変えたいと思います。どうすればよいでしょうか。

答

一、戦前から住宅地として使っているような土地について地目変更をする場合には、農地法の転用許可は不要です。しかし、登記簿上の地目が農地となっている場合で、これを農地以外に地目変更する登記の申請に当たっては、申請書に非農地証明書など農地に該当しない旨の証明書が添付されていない場合には、登記官は必ず農業委員会に農地法の転用許可等の要否、有無、現況が農地であるか否か等について照会し、その回答をまって処理する取扱いとなっています。

二、したがって、現況は宅地であるが登記簿上の地目が「田」「畑」「牧場」となっている土地の地目を変更する場合には、農業委員会（又は都道府県知事）から、その土地が非農地である旨の証明（非農地証明等とよばれています。）を出してもらい、この非農地証明を添付した上で、地目変更登記の申請を行うとよいでしょう（問7参照）。

〔問72〕仮登記のある農地を買うことになりましたが、農地法の許可を受ければ仮登記を抹消できるでしょうか。

答　一、仮登記とは、本登記の申請に必要な手続き上の条件が整わないとき、あるいは、売買予約のように権利の設定・移転等の請求権があるときに、将来なされる本登記の順位を保全するためにあらかじめしておく登記のことです（不動産登記法第一〇五条）。仮登記それ自体には、第三者に対して、権利を主張する効力（「対抗力」といいます。）はありません。しかし仮登記に基づき本登記がなされたときは、本登記の順位は仮登記のなされたときになりますから、仮登記の後になされた他の登記より順位が優先することになります（不動産登記法第一〇六条）。

二、仮登記（所有権移転請求権保全あるいは条件付所有権移転の仮登記等）がされている農地を農地法の許可を得て譲り受け、所有権移転の本登記を了したとしても、農地法の許可を得ただけでは仮登記を抹消することはできません。したがって、その後に仮登記権利者が農地法の許可を得て本登記をした場合には、その者に対して当該農地を引き渡さなければならないことになりますので、仮登記のある農地の場合には、まず、売主に仮登記を抹消させた上で買うのがよいでしょう。

三、なお、仮登記の抹消は、当事者が合意して抹消する場合のほか、当初から仮登記が無効か、その後効力を失ったときにできることになっています。仮登記を抹消する手続きは、仮登記名義人自身が行うか、登記上の利害関係人によって行うことになりますが、後者が抹消手続きをする場合には仮登記名義人の承諾書又は裁判の謄本を添付して申請することになります（不動産登記法第一一〇条、不動産登記令別表七〇）。

〔問73〕　市街化区域内における農業は農政上どのように位置付けられていますか。また、どのような助成措置がありますか。

答

一、都市農業は、都市住民に対する野菜等の供給、都市に対する緑や空間の提供等の役割を果たしており、また、都市地域にも農業に意欲をもって取り組む農家も相当数存在しています。

二、しかし、市街化区域内の農業について、その基盤となる農地は都市計画制度上、都市施設整備の進展等によって次第に宅地等に転換される性格のものとされていました。

三、このため、国の農業政策としては、農業生産基盤整備事業等効用の長期に及ぶ施策は行わないこととし、農業者の意欲にも配慮して野菜関係の諸事業や当面の営農の維持に必要な病害虫防除事業、災害復旧事業等の施策は実施することとされていました。

四、しかし、都市農業振興基本法（平成二七年法律第一四号）の成立によって、市街化区域内の農地はこれまでの「宅地化すべきもの」から都市に「あるべきもの」へと大きく転換し、計画的に農地を保全していくことと位置付けられ、都市農業の多様な機能として、農産物を供給する機能、防災の機能、良好な景観の形成の機能、国土・環境の保全の機能、農作業体験・交流の場の機能、農業に対する理解醸成の機能という、六つの機能の発揮に向けた必要な施策を講ずることとされました。

五、都道府県又は市町村による助成措置については当該農地の所属する市町村又は農業委員会に聞いて下さい。

市街化区域における農業施策

(1)	災害復旧事業等災害が発生した場合における農業者の経営の再建維持を図るための事業及び農用地がなお相当規模残存する区域において必要と認められる農地防災事業
(2)	広域的集出荷加工用施設等（主たる受益地が市街化区域外に確保されているものに限る。）の設置事業
(3)	効用が短期な機械、施設等の導入又は設置事業
(4)	家畜衛生、植物防疫、病害虫防除等の事業
(5)	普及指導、研修、検査等の事業
(6)	既存施設の軽微な改修等の維持管理事業
(7)	市民農園の整備に係る事業（良好な都市環境の形成に資するものに限る。）
(8)	生産緑地地区に係る事業
(9)	(1)から(6)に掲げる事業に類する事業で、その他必要と認められる事業

生産緑地における農業施策

(1)	機械、施設等の導入又は設置事業については、効用が短期なものに限定せず、地域の実態に応じて必要な施策が実施可能
(2)	日本政策金融公庫資金の融通については、農地の利用又は保全に関する事業であって、現在行われている農業生産の条件を当面維持するために行われる施策が実施可能

農業経営基盤強化促進法関係

Ⅰ　法の仕組み等

〔問74〕　農業経営基盤強化促進法の仕組みはどのようなものでしょうか。

農業経営基盤強化促進法の仕組みは次のとおりです。

①　農業経営基盤の強化の促進に関する基本方針等の作成（基盤法第五条、第六条）
都道府県及び市町村がそれぞれ農業経営基盤の強化のため、基本方針及び基本構想を定め、農業経営基盤の強化の促進に関する目標、効率的かつ安定的な農業経営を営む者に対する農用地の利用の集積に関する目標、新たに農業経営を営もうとする青年等が目標とすべき農業経営の指標等を定めることとされています。

②　農地中間管理機構の事業の特例等（基盤法第七条～第一一条の一〇）
ア　担い手の農地集積と農地の集約化の更なる加速化をしていく必要があること等から平成二五年に「農地中間管理事業の推進に関する法律」が制定されたことに伴い、同法に基づく農地中間管理機構の事業の特例が設けられました。
なお、従来の農地保有合理化事業に関する規定は廃止されました。

㋐　農地売買等事業（農用地等の借受けを除きます。）

㋑ 農用地等を売り渡すことを目的とする信託の引受けと委託者に対する農地価格の一定割合の金額の貸付を行う事業

㋒ 農地所有適格法人に対する農用地等の現物出資と構成員への持分分割譲渡を行う事業

㋓ 農地売買等事業により買い入れた農用地等を利用して行う、新たに農業経営を営もうとする者が農業技術又は経営方法を実地に習得するための研修その他の事業

イ 支援法人

農地中間管理機構の行うアの事業を支援することを目的として農林水産大臣が全国に一を限って一般社団法人又は一般財団法人を指定します。この法人には公益社団法人全国農地保有合理化協会が指定されています。

支援法人は次の業務を行います。

㋐ 農地中間管理機構に対し、農地売買等事業等の実施に必要な資金の貸付け・債務保証

㋑ 農地の買入れが可能となるよう財政基盤の強化のための助成　等

③ 農業経営改善計画の認定制度

ア 平成五年の改正でそれまでの農業経営規模拡大計画の認定制度を拡充し、農業者が作成する農業経営の規模の拡大、生産方式・経営管理の合理化、農業従事の態様の改善等

農業経営の改善を図るための計画（農業経営改善計画）を市町村の基本構想に照らして、市町村が認定する制度が創設されました（基盤法第一二条）。また、令和元年の改正で担い手の活動範囲に応じ、市町村の認定事務を都道府県又は国が処理する仕組みが創設されました（基盤法第一三条の二）。

イ　認定農業者に対しては、農用地の利用を集積（基盤法第一五条）するとともに、これと並行して、税負担の軽減、株式会社日本政策金融公庫等による資金の貸付けの配慮（基盤法第一四条の二）、国、地方公共団体、農業団体による経営関係の研修、農業従事者の養成及び確保の円滑化等の支援措置（基盤法第一四条の三）が講じられます。

ウ　平成七年の改正で、農地の担い手への利用集積と合理的な土地利用を誘導するため、農地保有合理化法人による買入協議制を創設し、これに平成二一年の改正で農地利用集積円滑化団体（令和元年の改正で農地利用集積円滑化団体の規定は廃止されました。）、平成二五年の改正で農地中間管理機構（農地保有合理化法人の規定は廃止されました。）が加えられました。

㋐　所有者から農業委員会（農業委員会がない場合、市町村長）に売渡しの申出があった農用地について、市町村長が特に必要と認めたときは農地中間管理機構による買入協議を行うことができます。

㋑　農用地の買入協議期間中の譲渡は制限されます。

○農業経営改善計画の認定制度

農業経営改善計画の認定制度

〔農業者が作成する規模拡大、生産方式の合理化、経営管理の合理化、農業従事の態様の改善等の計画を市町村等が認定〕

↓

〔（認定農業者への支援）
○農業委員会等による農用地利用集積の支援
○農地中間管理機構による買入協議制度
○農地所有適格法人出資育成事業の実施
○日本政策金融公庫等の融資の配慮
○研修等の実施　等〕

○農地中間管理機構による買入協議制度

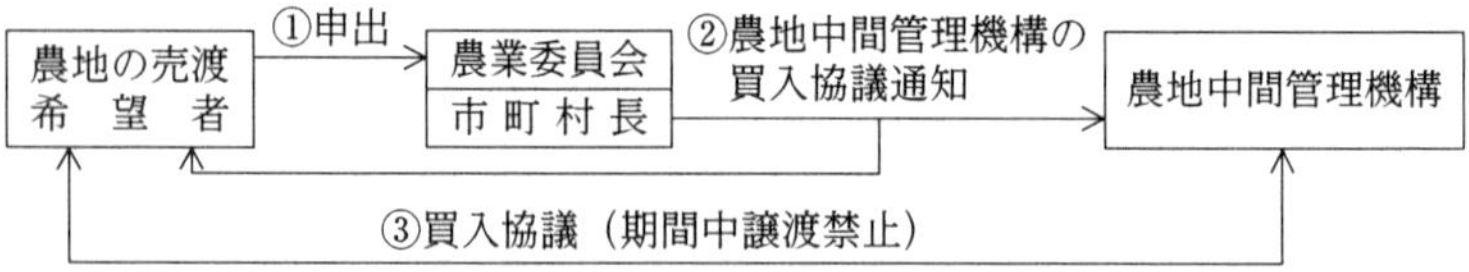

㋒　農地中間管理機構の買入協議に基づく農用地の譲渡について、一、五〇〇万円の特別控除が認められます。

④　青年等就農計画の認定制度（基盤法第一四条の四）

平成二五年の改正で、新たに就農をして経営を営もうとする青年等が作成する青年等就農計画を市町村が認定する制度が設けられました。この認定を受けた認定新規就農者に対し、株式会社日本政策金融公庫から青年等就農支援資金（無利子資金）を融資するなど青年等の就農促進政策が強化されました。

⑤　農業経営基盤強化促進事業（基盤法第四条第三項）

平成五年の改正でそれまでの農用地利用増進事業を農業経営基盤強化促進事業に改め、育成すべき農業経営の基盤強化が総合的に推進されることになりました。

その後、平成二一年の改正では農地利用集積円滑化事業が加えられ、平成二五年の改正では、農地保有合理化事業の実施を促進する事業が廃止されました。また、令和元年の改正で、農地利用集積円滑化事業について、所要の措置を講じた上で農地中間管理事業に統合・一体化し、農地の集積・集約化の支援体制の一元化を図ることとなりました（問94参照）。現在では次のような内容となっています。

ア　利用権設定等促進事業

イ　農用地利用改善事業の実施を促進する事業（問87～問99参照）

ウ　委託を受けて行う農作業の実施を促進する事業その他農業経営基盤の強化を促進する事業（問100参照）

これらの事業は市町村が定める基本構想に従い実施することとなります。

このうち農業経営基盤強化促進事業の中心的な事業である利用権設定等促進事業は、育成すべき農業者に対する農用地の利用の集積等を図るため、農用地について賃借権等の権利移動を円滑化するための事業です。

具体的には、

(ア)　市町村が、地域農業者の農用地等の売買、貸借等の意向をとりまとめた上、農用地等についての集団的な権利の設定、移転計画である農用地利用集積計画を反覆継続して作成します。

(イ)　そしてこの計画を公告したときは、その計画内容に従って売買、貸借等が行われたことになります。

したがって、この事業によれば、農地を売ったり貸したりする農家と買ったり借りたりする農家は、当事者間で契約締結行為等を行わなくても、農地の権利の設定、移転ができるわけです。

(ウ)　この計画による権利移動については農地法第三条の許可を受ける必要はなく、また農地の賃貸借については、その期間満了により自動的に賃貸借関係が終了し、離作料の問題も生じないこと等農地の流動化を促進する観点からの農地法の特例が受けられる（農地法との関係については問80参照）という法律上の効果が与えられています。

(エ)　平成五年の改正で、この計画を定めるべきことを申出できる団体としてそれまでの農用地利用改善団体、農業協同組合に加え、換地と一体的に必要な利用権の設定について土地改良区が、平成二一年の改正で利用集積を促進する農地利用集積円滑化団体（令和元年の改正で農地利用集積円滑化団体の規定は廃止されました。）が加えられました。

また、この計画による一括権利移転の対象に、農地所有適格法人に対する農用地の現物出資を目的とする所有権移転が加えられました。

なお、農用地利用改善事業及び農作業受委託促進事業等については問95及び問100を参照して下さい。

〔農業経営基盤強化促進法の構成〕

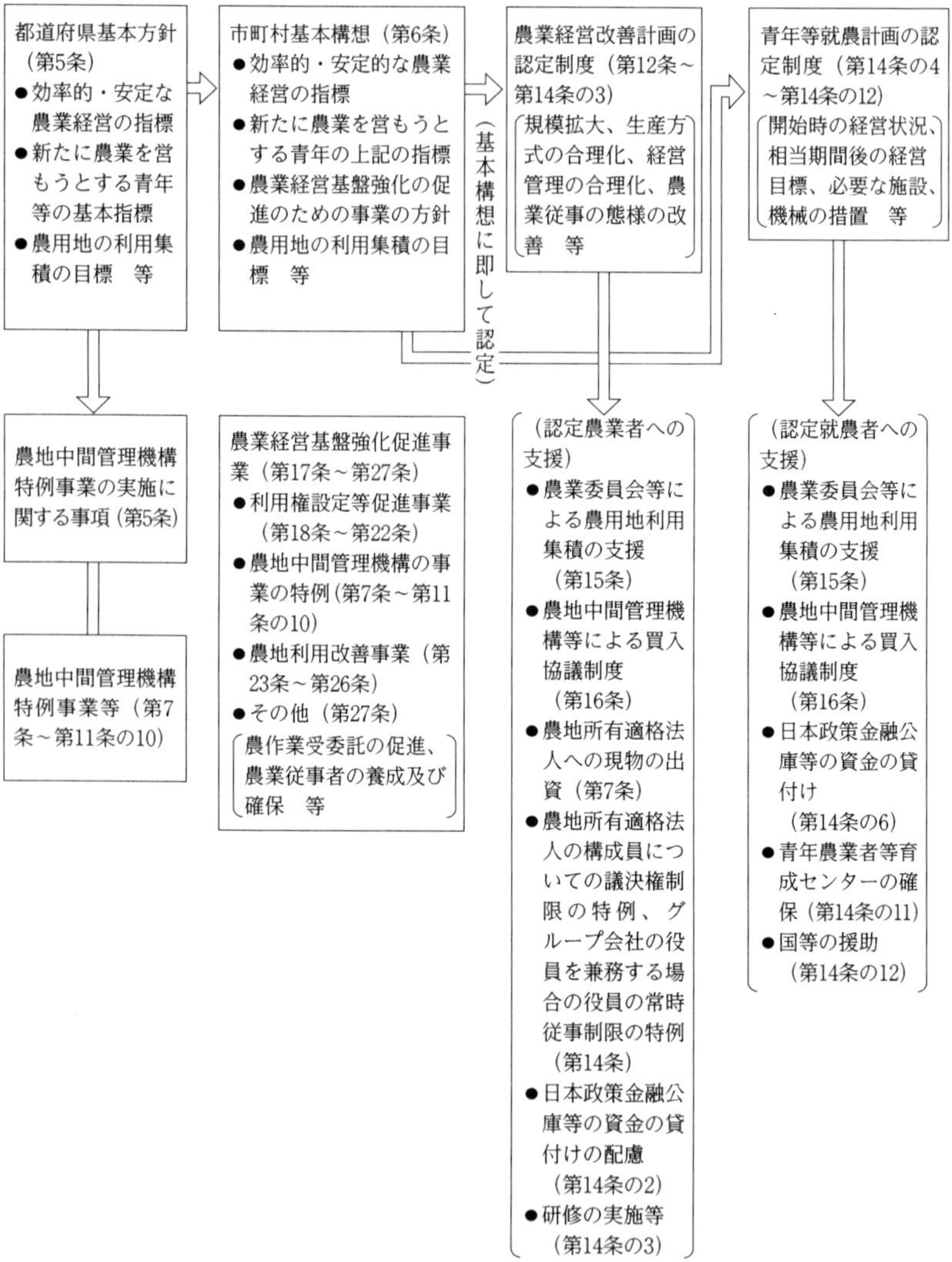

〔農業経営基盤強化促進法の仕組み〕

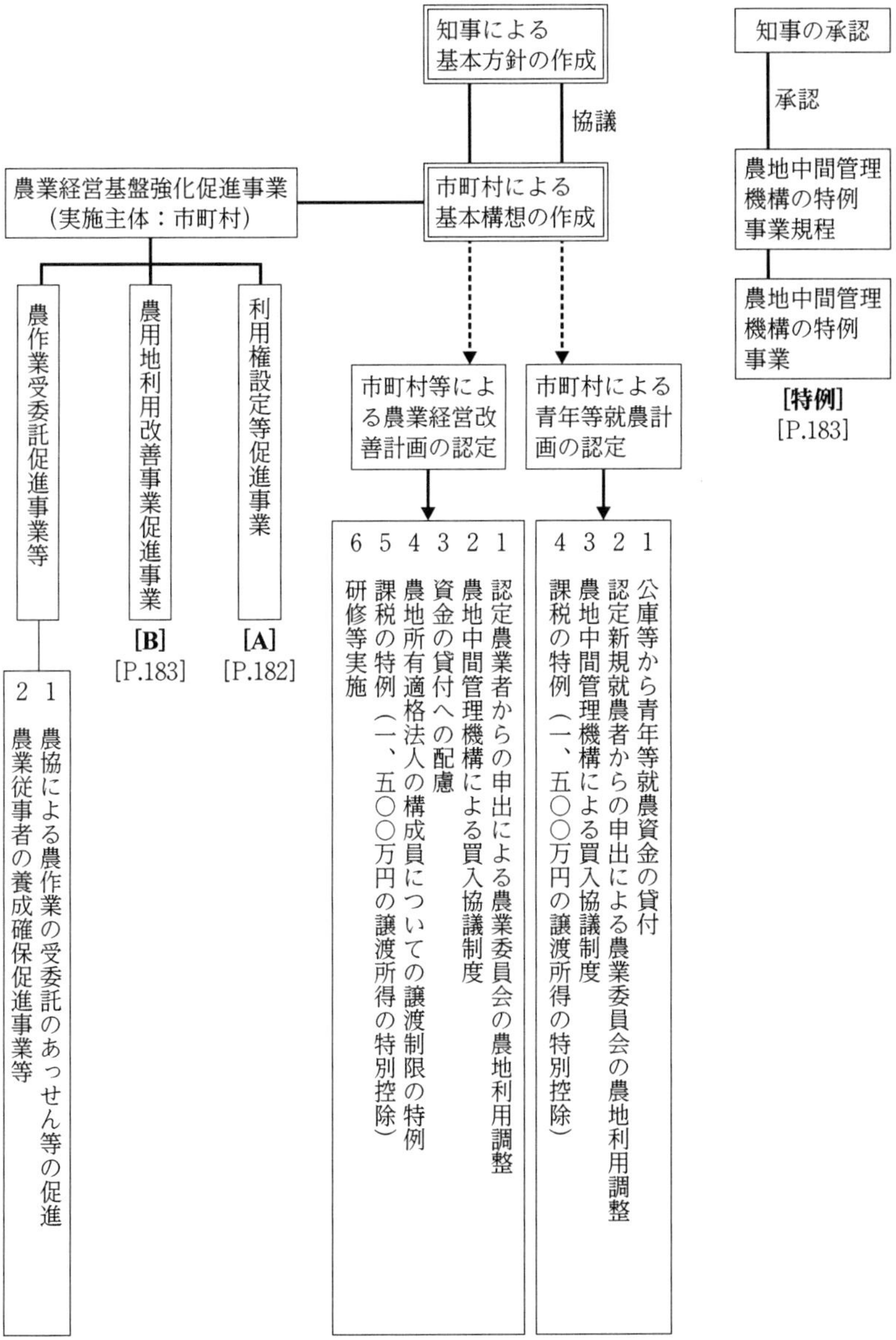

[A]

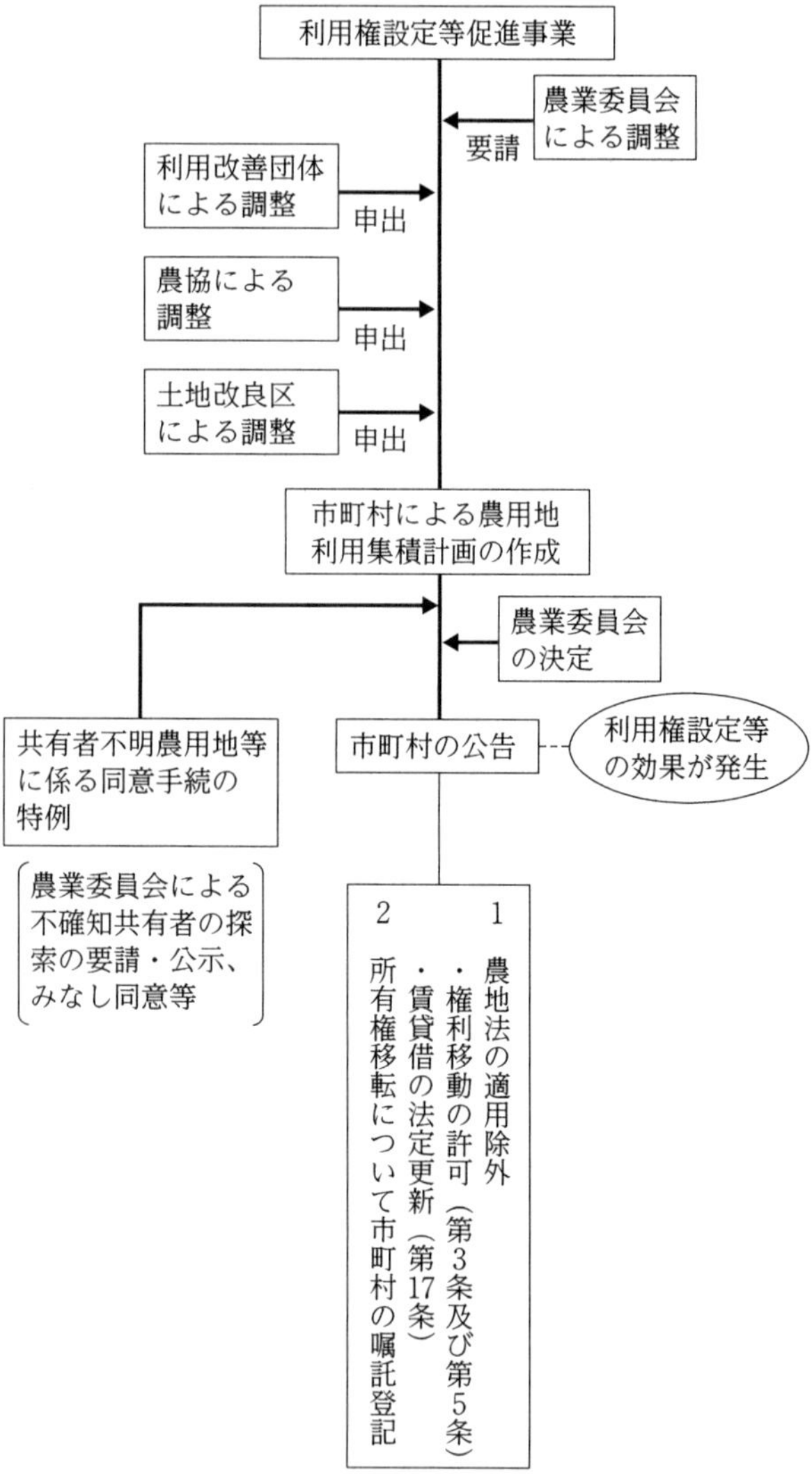

利用権設定等促進事業
農業委員会による調整
要請
利用改善団体による調整
申出
農協による調整
申出
土地改良区による調整
申出
市町村による農用地利用集積計画の作成
農業委員会の決定
共有者不明農用地等に係る同意手続の特例
市町村の公告
利用権設定等の効果が発生
農業委員会による不確知共有者の探索の要請・公示、みなし同意等
1 農地法の適用除外
・権利移動の許可（第3条及び第5条）
・賃貸借の法定更新（第17条）
2 所有権移転について市町村の嘱託登記

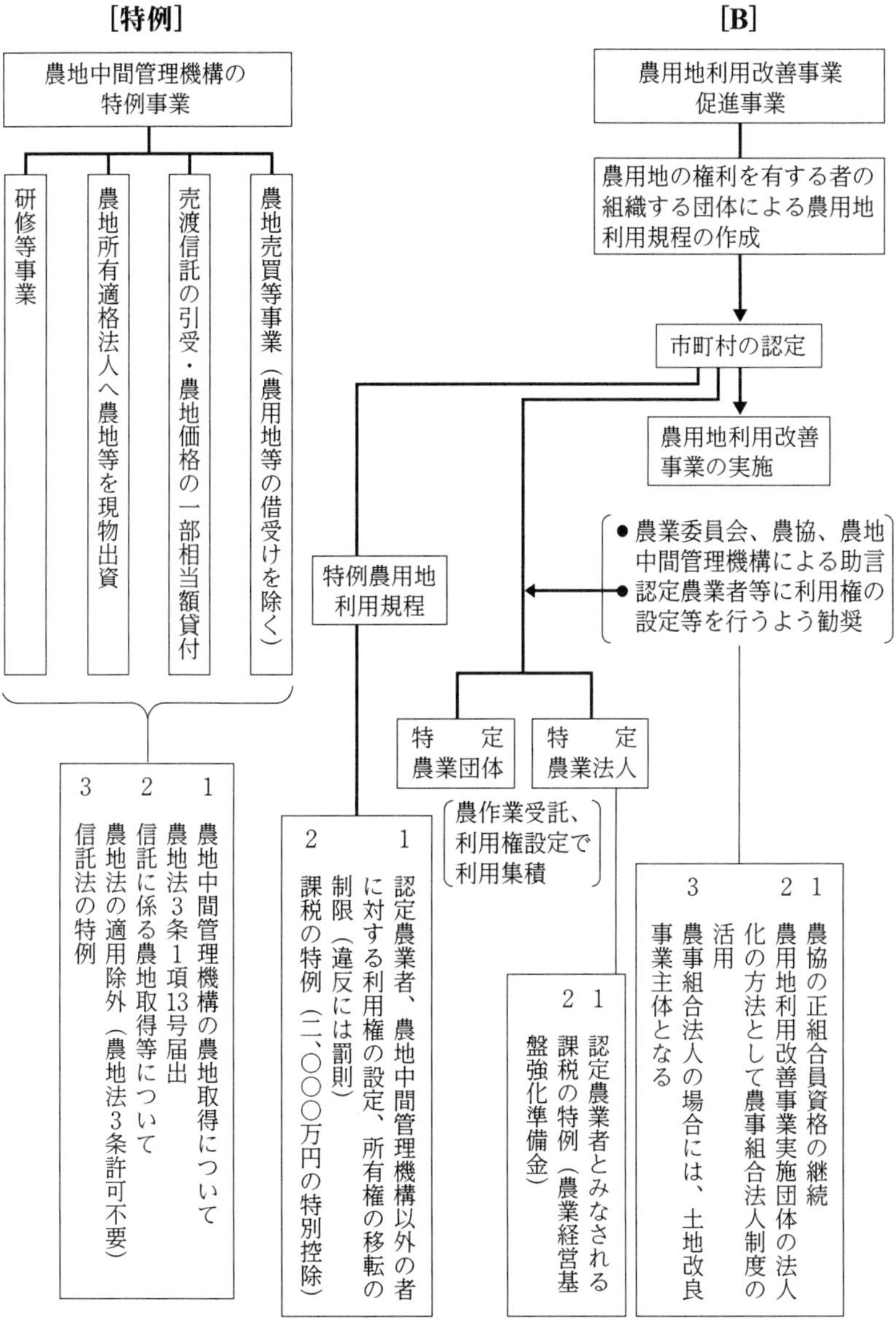
[特例]
農地中間管理機構の特例事業
研修等事業
農地所有適格法人へ農地等を現物出資
売渡信託の引受・農地価格の一部相当額貸付
農地売買等事業（農用地等の借受けを除く）
1　農地中間管理機構の農地取得について農地法3条1項13号届出
2　信託に係る農地取得等について農地法の適用除外（農地法3条許可不要）
3　信託法の特例
[B]
農用地利用改善事業促進事業
農用地の権利を有する者の組織する団体による農用地利用規程の作成
市町村の認定
農用地利用改善事業の実施
●農業委員会、農協、農地中間管理機構による助言
●認定農業者等に利用権の設定等を行うよう勧奨
特例農用地利用規程
特定農業団体
特定農業法人
農作業受託、利用権設定で利用集積
1　認定農業者、農地中間管理機構以外の者に対する利用権の設定、所有権の移転の制限（違反には罰則）
2　課税の特例（二、〇〇〇万円の特別控除）
1　認定農業者とみなされる
2　課税の特例（農業経営基盤強化準備金）
1　農協の正組合員資格の継続
2　農用地利用改善事業実施団体の法人化の方法として農事組合法人制度の活用
3　農事組合法人の場合には、土地改良事業主体となる

〔問75〕　農業経営基盤強化促進法では基本方針や基本構想を定めることとされていますが、どのようなものですか。

答　一、農業経営基盤強化促進法においては、都道府県、市町村が、当該地域において育成すべき効率的かつ安定的な農業経営の指標、新たに農業経営を営もうとする青年等が目標とすべき農業経営の基本的指標及びこのような農業経営を営む者に対する農用地の利用の集積の目標並びにこのような農業経営を目指して経営改善を図ろうとする者への支援措置のあり方等について総合的な計画を定めることとし、都道府県においては農業経営基盤強化促進基本方針（基本方針）、市町村においては農業経営基盤強化促進基本構想（基本構想）を策定することとされています。

二、基本方針は、都道府県の区域又は自然的経済的社会的諸条件を考慮して都道府県の区域を分けて、地域の特性に即し、次の事項を定めることとされています（基盤法第五条）。

① 農業経営基盤の強化の促進に関する基本的な方向

② 効率的かつ安定的な農業経営の基本的指標

③ 新たに農業経営を営もうとする青年等が目標とすべき農業経営の基本的指標

④ 効率的かつ安定的な農業経営を営む者に対する農用地の利用の集積に関する目標

⑤　農業経営基盤強化促進事業の実施に関する基本的な事項

また、都道府県知事は、効率的かつ安定的な農業経営を育成するために農業経営の規模の拡大、農地の集団化その他農地保有の合理化を促進する必要があると認めるときは、基本方針に①～⑤のほか、都道府県の区域（市街化区域を除きます。）を事業実施区域として農地中間管理機構が行う農地売買等事業など特例事業の実施に関する事項を定めるものとされています。

なお、この基本方針は、おおむね五年ごとに一〇年間を見通して定める（政令第一条）こととされています。

三、基本構想は、都道府県の基本方針に即して、次の事項を定めることとされています（基盤法第六条）。

①　農業経営基盤の強化の促進に関する目標

②　農業経営の規模、生産方式、経営管理の方法、農業従事の態様等に関する営農の類型ごとの効率的かつ安定的な農業経営の指標

③　農業経営の規模、生産方式、経営管理の方法、農業従事の態様等に関する営農の類型ごとの新たに農業経営を営もうとする青年等が目標とすべき農業経営の指標

④　効率的かつ安定的な農業経営を営む者に対する農用地の利用の集積に関する目標その他農用地の利用関係の改善に関する事項

⑤　農業経営基盤強化促進事業に関する次の事項（事業実施の準則）

ア　利用権設定等促進事業に関する事項
イ　農用地利用改善事業の実施基準に関する事項
ウ　委託を受けて行う農作業の受委託の実施の促進に関する事項
エ　農業従事者の養成及び確保の促進に関する事項　等
なお、基本構想は、基本方針で定める期間につき定めることとされており、おおむね五年ごとに一〇年間を見通して定めることとされています（政令第二条）。

Ⅱ　農業経営改善計画及び青年等就農計画

〔問76〕　農業経営改善計画の認定制度はどのようなものですか。認定を受けた場合どのようなメリットがありますか。

答　一、農業経営改善計画の認定制度（農業経営基盤強化促進法第三章第一節）は、市町村の基本構想で示された農業経営目標に向けて、自らの創意工夫に基づき経営の改善を進めようとする者が農業経営改善計画を作成し、これを市町村等に提出して地域における将来にわたる農業経営の担い手として認定を受け、行政や関係機関が重点的に支援する制度です（基本要綱第５・１）。

二、農業経営改善計画の認定を受けた場合のメリットとして農業経営基盤強化促進法では

ア　農業委員会等による農用地の利用集積の支援（基盤法第一五条）

農用地について利用権の設定等を受けたいときは、農業委員会（農業委員会を置かない市町村にあっては、市町村長）へその旨申出すれば、適当な農地のあっせん等をしてもらえます。

イ　株式会社日本政策金融公庫等からの融資の配慮（基盤法第一四条の二）
農業経営基盤強化資金（スーパーL資金）、経営体育成強化資金の貸付けにおいて配慮されます。
ウ　農地所有適格法人の議決権の制限及びグループ会社の役員を兼務する場合の役員の常時従事制限について特例が設けられています（基盤法第一四条）。
エ　経営管理の合理化などのための研修の実施（基盤法第一四条の三）という措置が講じられています。

〔問77〕　農業経営改善計画の認定を受けるにはどうすればよいのですか。

答

一、認定の対象者

認定農業者制度は、プロの農業経営者として頑張っていこうという農業者を幅広く育成していくためのものです。したがって、農業を職業として選択していこうとする意欲ある人であれば、①性別（女性農業者も認定対象となるし、夫婦等の共同申請も認められます。）、②年齢（年齢制限は設けていません。）、③専業兼業の別（今後、プロの農業経営者を目指すものであれば認定対象となります。）、④経営規模の大小（目標所得を目指せばよく、経営規模は問いません。）、⑤営農類型（農地を所有しない農業経営や経営指標に定められていない経営等も認定対象。）、⑥法人形態（農地所有適格法人以外の農業を営む法人も認定対象。）、等にかかわらず認定の対象となります。

二、農業経営改善計画の作成と申請

農業経営改善計画の認定を受けるには、

① まず、農業経営改善計画を作成する必要があります（基盤法第一二条）。

② この計画は、次の事項を内容とし、おおむね五年後を見通して作成します。

ア　農業経営の現状

イ　農業経営の規模拡大、生産方式の合理化、経営管理の合理化、農業従事の態様の改善等の農業経営の改善に関する目標

ウ　イの目標を達成するためとるべき措置　等

なお、農業経営改善計画には、当該農業経営を営み、若しくは営もうとする者から当該農業経営に係る物資の供給若しくは役務の提供を受ける者又は当該農業経営の円滑化に寄与する者が当該農業経営の改善のために行う措置に関する計画を含めることができる（基盤法第一二条第三項）とされています。

③ 次に、農業経営を営み、又は営もうとする区域のある市町村に対し、作成した農業経営改善計画が適当である旨の認定を受けるための申請をします。

この場合、申請者がその市町村の区域内に農用地を現に所有したり、借りている必要は

なく、また居住している必要もありません。

数市町村にまたがって農業経営を行っている場合は、都道府県知事（複数の都道府県にまたがる場合は農林水産大臣）に対して申請をする必要があります。

三、認定基準

市町村（都道府県知事・農林水産大臣）は、認定の申請があった場合には、次の認定基準に適合するか否かを判断し、基準に適合するものであると認めるときは、その計画が適当である旨の認定をします（基盤法第一二条第四項）。

ア　基本構想に照らし適切なものであること

イ　農用地の効率的かつ総合的な利用を図るために適切なものであること

ウ　農業経営改善計画の達成される見込みが確実であること等（省令第一四条）

なお、アの判断は所得水準による判断のみで十分とされており、具体的には、認定申請のあった農業経営体の営農活動全体から得られる所得に基づいて、基本構想で設定した目標に適合するかを判断します。

また、申請された経営改善計画における目標所得水準が基本構想で設定した水準を下回る場合でも、認定申請者の農業経営体の経営内容全体を考慮し、有機栽培や直接販売に取り組む等、認定申請者が意欲を持って農業経営改善計画に記載された経営の改善・発展に向けた取組を継続し、将来的には基本構想で示される所得水準等に到達することが見込まれる場合には、その計画を適切であると判断することができます（基本要綱別紙4第1・1）。

〔問78〕　青年等就農計画の認定制度とはどのようなものですか。

答　青年等の就農促進の仕組みは、次のようになっています。

① 新たに就農をして農業経営を営もうとする青年等（就農してからの期間が短いものを含みます。）は、青年等就農計画を作成し、市町村の認定を受けることができます（基盤法第一四条の四）。

なお、この計画は、市町村が認定した日から起算して五年を経過する日までの間有効です。ただし、既に農業経営を開始した青年等については、認定をした日から、農業経営を開始した日から起算して五年を経過する日までの間になります（省令第一五条の六）。

② ①の認定を受けた認定新規就農者に対し、株式会社日本政策金融公庫は青年等就農資金（無利子資金（基盤法第一四条の七））の貸付けを行うことができます。

③ 都道府県は、新規就農に関する相談に応じ、情報提供その他の援助を行う拠点として青年農業者等育成センターを確保するよう努めることとされています（基盤法第一四条の一一）。

④ 国及び都道府県は、青年等の農業の技術・経営方法の習得、新たに就農をして農業経営

を営む青年等の農業経営の確立に必要な支援措置を講ずるよう努めることとされています（基盤法第一四条の一二）。

なお、この場合の青年等とは、次に掲げる者をいいます。

① 青年（原則として一八歳以上四五歳未満の個人（省令第一条））

ただし、地域に担い手がいない等やむを得ない事情があると市町村長が認める場合には、五〇歳未満とされます（基本要綱第5の2・3⑴ア）。

② 青年以外の個人で、効率的かつ安定的な農業経営を営む者となるための活用できる知識及び技能を有する次の者（基盤法第四条第二項第二号、省令第一条の二）

青年等就農計画を作成し、市町村の認定を受けることができる青年以外の個人については、効率的かつ安定的な農業経営を営む者となるために活用できる知識及び技能を有するものとして、年齢が六五歳未満であって次のいずれかに該当する者

ア 商工業その他の事業の経営管理に三年以上従事した者

イ 商工業その他の事業の経営管理に関する研究又は指導、教育その他の役務の提供の事業に三年以上従事した者

ウ 農業又は農業に関連する事業に三年以上従事した者

エ 農業に関する研究又は指導、教育その他の役務の提供の事業に三年以上従事した者

オ アからエの者と同等以上の知識及び技能を有すると認められる者

③　①・②に掲げる者であって法人の営む農業に従事すると認められる者が役員の過半数を占める法人（基盤法第四条第二項第三号、同法省令第一条の三）

〔問79〕　青年等就農計画の認定を受けるにはどうすればよいのですか。

答　一、青年等就農計画の認定を受けるには、

①　まず、青年等就農計画を作成する必要があります（基盤法第一四条の四）。

②　この計画には、次の事項を記載する必要があります。

ア　農業経営の開始の時における農業経営の状況（既に農業経営を開始した青年等にあっては、農業経営の現状）

イ　農業経営の開始から相当の期間を経過した時における農業経営の目標

ウ　イの目標を達成するために必要な施設の設置、機械の購入その他の措置に関する事項

エ　青年以外の個人で活用できる知識及び技能を有する者にあっては、その有する知識及び技能に関する事項

オ　イの農業経営に関する目標を達成するために必要な農業の技術又は経営方法の習得に関する事項（省令第一五条の四、大臣告示様式）

③　次に農業経営を営み、営もうとする区域のある市町村に対し、作成した青年等就農計画

が適当である旨の認定を受けるための申請をします。

二、市町村は、認定申請があった場合には、次の要件に該当するものであると認めるときは、その計画を認定します（法第一四条の四第三項、省令第一五条の五）。

ア　基本構想に照らし適切なものであること。

イ　青年等就農計画の達成される見込みが確実であること。

ウ　活用できる知識及び技能を有する者にあっては、その有する知識及び技能が一の②のイの農業経営に関する目標を達成するために適切であること。

Ⅲ　利用権設定等

〔問80〕 農業経営基盤強化促進法に基づく農地の売買、貸借と農地法との関係はどうなっているのでしょうか。

答 市町村が行う農業経営基盤強化促進事業のうちの利用権設定等促進事業により農用地の権利移動を行う場合には、地域の自主的な土地利用調整を尊重し、農業経営基盤の強化の促進を図る観点から行われることから、次のような農地法等の特例が設けられています。

① この事業により農用地についての利用権の設定、所有権の移転等が行われる場合（転用するため利用権の設定等が行われる場合は③）には、農地法第三条第一項の許可を要しない（農地法第三条第一項第七号）。

② 農用地について設定され、又は移転された利用権（賃貸借）については、期間が満了すると自動的に賃貸借関係が終了する（農地法第一七条ただし書）。

③ この事業により農用地を農業用施設用地等農業目的に転用するため利用権の設定等が行われる場合には、農地法第四条第一項及び第五条第一項の許可を要しない（農地法第四条第一項第三号及び第五条第一項第二号）。

④　この事業により農用地区域内の土地について開発行為をするための利用権の設定等が行われる場合には、農振法第一五条の二第一項の許可を要しない（農振法第一五条の二第一項第五号）。

〔問81〕　農業経営基盤強化促進法によって貸借等はどのくらい進んでいるのでしょうか。

答

(1)　農業経営基盤強化促進法による利用権設定は増加傾向にあり、平成三〇年には一八万一千ヘクタールについて利用権が設定されました。

(2)　また、農業経営基盤強化促進法により所有権移転もできますが、これにより平成三〇年には年間で二万一千ヘクタール（自作地有償所有権移転面積）が移転しました。

農業経営基盤強化促進法による農地の流動化

（単位：ha）

		昭和60年	平２年	平７年	平12年	平17年	平22年	平27年	平30年
所有権移転	自作地有償	13,792	14,998	15,044	20,038	19,910	19,540	22,224	20,687
	自作地無償	1,844	1,707	1,233	555	636	537	389	615
	所有権以外耕作地	665	1,616	1,187	1,262	163	79	52	149
利用権の設定	賃借権設定	39,463	48,048	58,406	90,786	108,210	127,075	185,638	147,421
	使用貸借による権利の設定	1,918	3,698	5,433	9,695	13,479	21,064	35,986	33,359
	農業経営の委託	24	134	28	55	3	0	0	0

資料：農林水産省「農地の移動と転用（農地の権利移動・借賃等調査）」による。

賃貸借等による農地流動化施策

① 法制上の措置（農地法の規制の特例等）

制度	内容	農地法との関係	対象土地等	対象権利	税制上の特例
農地中間管理事業等（農地中間管理法第二条第三項、農業経営基盤強化促進法第七条）	○農地中間管理機構 農地中間管理権の取得及び農用地利用配分計画による貸付け ○農地中間管理機構の農用地等の買入れ、売渡し・交換・貸付け	○農地中間管理機構が農地中間管理事業の実施により農地中間管理権を取得する場合三条一項一四の二の届出で可（許可不要） ○賃借権の法定更新の適用除外（一七条） ○農地中間管理機構が農地売買等事業で買い入れる場合三条一項一三号の届出で可（許可不要） ○信託事業による場合（許可不要）	農用地等（農用地、混牧林地、農業用施設用地）	賃借権 使用貸借による権利、所有権	○譲渡所得税の特別控除 ・特例農用地利用規程→二、〇〇〇万円 ・買入協議→一、五〇〇万円 ・農地保有の合理化→八〇〇万円 ○登録免許税の軽減 千分の二〇→千分の一〇 ○固定資産税の軽減 全農地を一〇年以上貸付→二分の一に軽減

制　度	内　容	農地法との関係	対象土地等	対象権利	税制上の特例
利用権設定等促進事業 （農業経営基盤強化促進法四条三項一号）	農用地等について利用権の設定等を促進する事業	○権利移動の許可不要（三条一項七号、五条一項二号） ○賃借権の法定更新の適用除外（一七条）	農用地等	**賃借権** 使用貸借による権利、経営受委託に係る使用収益権、所有権	○譲渡所得税 ・二、〇〇〇万円の特別控除 ・一、五〇〇万円の特別控除 ・八〇〇万円の特別控除 ○登録免許税（認定農業者等） 税率の軽減（令和五年三月まで千分の二〇→千分の一〇） ○不動産取得税 価格の三分の一相当額を控除

② 予算上の措置

事業名	事業主体	事業内容	助成内容	対象土地等	対象権利等	令和三年度予算
農地中間管理事業等	農地中間管理機構	○農地中間管理権の取得及び農用地利用配分計画による貸付け ○農用地等の買入れ、売渡し、交換、貸付け	○農地中間管理機構補助、農地買入資金の利子助成 ○協会費補助	農地、採草放牧地、混牧林地、農業用施設用地、未墾地、農業用施設	賃借権 使用貸借による権利、所有権	（億円） 農地中間管理機構等関連予算 二三九 〔機構集積協力金交付事業、機構集積支援事業、農地利用最適化交付金を含む。〕

〔問82〕　農業経営基盤強化促進事業は全ての市町村で取り組んでいるのでしょうか。

答

一、市町村が農業経営基盤強化促進事業を行おうとするときは、農業経営基盤の強化の促進に関する基本的な構想（以下「基本構想」といいます。）を定めなければならないこととなっています。

この基本構想は、農業経営基盤強化促進事業が農地流動化の中心の事業となっていることからほとんどの市町村で策定されています。

二、また、農業経営基盤強化促進事業のうちの利用権設定等促進事業で農用地に関する集団的な権利の設定、移転を行う計画である「農用地利用集積計画」は、基本構想を策定している市町村のほとんどで作成しています。

三、このように、農業経営基盤強化促進事業には、農業の振興を図っているほとんどの市町村で取り組んでいます。

〔問83〕　農業経営基盤強化促進法で対象となる土地あるいは権利はどのようなものでしょうか。

答

一、農業経営基盤強化促進法で市町村が行う利用権設定等促進事業により集団的に権利の設定、移転を行い得る農用地等は次のとおりです。

① 農地と採草放牧地（これを「農用地」といいます。）（基盤法第四条第一項第一号）

② 混牧林地（基盤法第四条第一項第二号）

主には木竹の生育のために利用されているが、これと併せて肥料用又は家畜の飼料用のための採草又は放牧の目的に供されている土地

③ 農業用施設用地（基盤法第四条第一項第三号、基本要綱第9・2(1)③）

次に掲げる施設（農業用施設）の用に供される土地

ア　農業用用排水施設、農業用道路その他農用地又は混牧林地の保全、利用上必要な施設

イ　畜舎、蚕室、温室、農産物集出荷施設、農産物乾燥・調製施設、農産物貯蔵施設等農畜産物の生産、加工、販売施設

ウ　たい肥舎、種苗貯蔵施設、農機具収納・修理施設等農業生産資材の貯蔵・保管施設

④　農用地開発用地、農業用施設開発用地（農用地以外）
現況は山林とか原野であるが、開発を行って農用地又は農業用施設の用に供することが適当な土地

⑤　農業用施設開発用地（農用地）
現況は農用地であるが、転用を行って農業用施設用地とする土地

農業経営基盤強化促進法の対象土地と農地法の規制対象土地との関係

農業経営基盤強化促進法による権利移動の対象土地	農地法上の扱い（権利移動）
農地	第三条、第五条の対象
採草放牧地	第三条、第五条の対象
混牧林地	（規制対象外）
農業用施設用地	（規制対象外）
農用地開発用地	（規制対象外）
農業用施設開発用地	農地、採草放牧地を農業用施設とする場合　第五条の対象 それ以外は規制対象外

二、市町村が行う利用権設定等促進事業による集団的な設定、移転の対象となる土地の権利は次のとおりです。

① 所有権
② 利用権
利用権とは、次の三種類の権利です。
ア 農業上の利用を目的とする賃借権
これは、前記一の土地を借賃を支払って借り受け、耕作等の使用収益をする権利です。
イ 農業上の利用を目的とする使用貸借による権利
これは無償で土地を借り受け、耕作等の使用収益をする権利です。
ウ 農業経営の委託を受けることにより取得される使用及び収益をする権利
この権利は、農業経営の委託に伴って設定される農用地についての使用収益権です。農業経営の委託を行う場合には、委託契約において農用地についての権利を設定する旨が明らかにされていない場合であっても、委託契約に付随して農用地についての権利が設定されるものと考えられています。

	賃貸借	使用貸借	農業経営の受委託	農作業の受委託
農用地等についての使用収益権の設定の有無	有	有	有	無
主宰権	賃借人	使用貸借による借人	受託者	委託者
生産物の所有権	賃借人	使用貸借による借人	受託者	委託者
生産物の処分権	賃借人	使用貸借による借人	受託者	委託者
危険負担	賃借人	使用貸借による借人	委託者	委託者
当事者間の経済関係	賃借人からの借賃の支払	無償	委託者に帰属する損益の決済	委託者からの作業料金の支払

〔問84〕 市街化区域内の農地も農業経営基盤強化促進事業の対象となりますか。

答

(1) 市町村は、都市計画法に規定する市街化区域内においては、原則として農業経営基盤強化促進事業を行わないこととされています。これは、市街化区域が、計画的に市街化を図るべき区域として定まった区域であるからです。

(2) しかし、市街化区域内であっても、当該区域以外の区域に存する農用地と一体として農業上の利用が行われている農用地については、農業経営基盤強化促進事業の対象に含めることができることとされています（農業経営基盤強化促進法第五条第三項及び第一七条第二項）。

〔問85〕 他の市町村の農地を借りたいのですが農業経営基盤強化促進法でできるでしょうか。

答

(1) 農業経営基盤強化促進法による利用権設定等促進事業は、これを実施する市町村が、その区域内にある農用地等についての利用権の設定等を促進し、農用地等の権利移動の円滑化と方向付けを図ろうとするものです。

(2) したがって、利用権の設定等の対象となる土地の利用者として適当な者がその市町村にいないときとか、その土地の周辺の土地利用の状況等からみてその市町村の区域外に居住する者が利用者として適当であると認められるときは、その人に利用権の設定をすることが好ましいと考えられます。

(3)　他の市町村の農地を借り受ける希望のある人は、その市町村の農政担当部局又は農業委員会事務局、農業委員、農地利用最適化推進委員に相談するとよいでしょう。

〔問86〕　農業経営基盤強化促進法で貸したいのですが、手続きはどのようにすればよいでしょうか。

答

農業経営基盤強化促進法による利用権設定等促進事業は、市町村が、農地の売買、貸借等についての集団的な権利設定・移転計画である農用地利用集積計画を作成し、公告することにより行われます。この実施に当たって、具体的には次のような手続きがとられます。

①　事前調整

ア　これは、農用地利用集積計画による土地の売買、貸借等の意向をとりまとめる過程です。この段階で、市町村は、土地の売り手及び買い手、貸し手及び借り手の申出を受けることになりますが、このような申出が円滑に行われるようにするため、市町村は集落等の組織を通じて農業者等に呼びかけを行ったり、農業委員会、農協、土地改良区等の関係者が意向のとりまとめを行ったりします。

なお、農業委員会（農業委員会が置かれていないときは市町村長）に利用権の設定等のあっせんを受けたい旨の申出ができる途もあります（農業経営基盤強化促進法第一五条）。

イ　農地を貸したいと考えている人は、このような機会をとらえその意向を伝えたり、農業委員、農地利用最適化推進委員に事前に相談しておくとよいでしょう。

② 農用地利用集積計画の作成

ア　①により土地の売買、貸借の意向がまとまってきた段階で、市町村は、農用地利用集積計画の作成に入ります。一般的に市町村は、農用地の農業上の利用を図るため必要があると認めるときは、その都度、計画を作成しています。

イ　具体的には、①の事前調整によりとりまとめられた関係者の意向にそって市町村が計画の案を作成します。

この計画は、土地の売買や貸借等の権利移動の効果を生ずるものなので、その内容としては、

(ア)　貸し手及び借り手、買い手及び売り手等の氏名又は名称、住所

(イ)　貸借、売買等の対象となる土地の所在、地番、地目、面積

(ウ)　貸借の場合には、貸借の始まる時期、借賃、期間等、売買の場合には、所有権の移転の時期、対価（現物出資に伴い付与される持分を含みます。）、支払の相手方、対価の支

払（持分の付与を含みます。）方法等が記載されます。

③　関係権利者の同意

農用地利用集積計画は、利用権の設定等が行われる土地ごとに、利用権設定等を受ける者と所有権、賃借権、使用貸借権など使用収益権を有する者の全ての同意が得られていなければならないこととされています。この場合、抵当権者等の担保物権者は不動産質権者を除き土地についての使用収益権を有する者ではないので、その同意は要しません（基本要綱第9・3(3)）。

複数の者により共有される農地について農用地利用集積計画を策定する場合には、共有者全員の同意が必要です。ただし、二〇年を超えない利用権の設定にあっては、土地の所有権を有する者の同意は共有持分の二分の一を超える同意でよいこととされています（基盤法第一八条第三項第四号）。

また、所有権の二分の一以上の共有持分を有する者が不明の場合には、農業委員会の探索・公示等の手続きを経て全員同意をしたものとみなす仕組みもあります（基盤法第二一条の二～第二一条の五）

④　農業委員会の決定（基盤法第一八条第一項）

農用地利用集積計画は、地域の農地事情を把握している専門機関である農業委員会の決定を経て作成されます。

⑤　農用地利用集積計画の公告（基盤法第一九条）

公告が行われると、公告のあった農用地利用集積計画の内容に従って、利用権の設定、所有権の移転等の効果が生じます。たとえば、賃借権の設定であれば、計画に記載された土地について、計画に記載された当事者の間で、計画に記載されたとおりの始期及び存続期間、借賃等の内容の賃借権が設定されることになります。

⑥　市町村による嘱託登記（基盤法第二一条、基盤法による不動産登記に関する政令）

農用地利用集積計画により土地の所有権を移転した場合には、もちろん当事者が直接申請して所有権移転等の登記をすることができますが、市町村に請求し、市町村から登記所に対して所有権移転等の登記の手続きをとってもらうことができます。

〔問87〕　利用権設定等促進事業により利用権の設定を受けることのできる者の資格はどのようなものですか。

答　利用権設定等促進事業による利用権の設定を受けることができる者の要件については、市町村が地域の実情を踏まえながらその特性に即して基本構想で定めることとなっていますが、法律上次の要件は最低限備えていなければならないこととされています（基盤法

第一八条第三項第二号)。

(1)　一般的要件

①　農用地の全てを効率的に利用して耕作又は養畜の事業を行うこと

②　必要な農作業に常時従事すること

なお、農地所有適格法人の場合、右記の要件のうち①の要件を備えればよいことになっています。

(2)　解除条件付の使用貸借による権利又は賃借権を取得する場合の要件

一般的要件のうち①の要件に加えて、次の要件を充たさなければならないこととされています。

①　地域の他の農業者との適切な役割分担の下に継続的かつ安定的に農業経営を行うこと

②　法人にあっては、業務執行役員等のうち一人以上が耕作又は養畜の事業に常時従事すること

〔問88〕　農業経営基盤強化促進法で借りる場合は農地法の下限面積制限の適用がないと聞きますがどうしてですか。

答

一、農業経営基盤強化促進法に基づき作成、公告された農用地利用集積計画の定めるところにより、所有権が移転し、賃借権等の利用権が設定・移転する場合は、農地法第三条の例外として農業委員会の許可を受ける必要がないこととされています（農地法第三条第一項第七号）。

ただし、農用地利用集積計画による権利移動であっても、利用権の設定を受ける者は農地法第三条第二項のいわゆる「全て効率利用」「農作業常時従事」の要件を備えなくてはならないこととされています（問87参照）。しかし、農地法第三条第二項第五号の下限面積は要件とされていません。

二、これは、市町村が主体となり、当該市町村の実情に即し、関係農業者の意向を尊重しながら農地等の有効利用と農業経営の規模拡大等を進める農業経営基盤強化促進事業の円滑な実施を図るためには、利用権等の受け手の統一的な要件としては、法律上の二つの要件で十分であり、それ以上に画一的な基準を定めることは適当でなく、あえて農地法上の下限面積に満たない者への利用権の設定を全面的に禁止する必要もないという判断からです。

例えば、利用権の設定を行う者が飯米確保等の必要から代替地を求めている場合（注一）や農用地の集団化を図るために必要な場合には、例外的に、経営面積が小さくても利用権の設定等を受けることができるようにすることが事業の推進上効果的な場合もあるでしょう。

三、なお、農業経営基盤強化促進法で農用地の所有権移転をする場合については、資産的保有を目的とする農用地の取得や農用地の細分化が助長されることのないよう、所有権移転を受ける者の要件を農地法上の許可要件よりも厳しいもの（農地移動適正化あっせん基準（注二）を勘案して定めた基準）とすることが適当とされています。

（注一）　農地等の権利取得をしようとする者が当該農地等の権利取得後、下限面積に達する面積を経営することとならない場合であっても、市町村が農用地利用集積計画を作成・公告することにより、公共事業により買収された農地等の代替として同等の面積の農地等の権利取得をすることは可能です（令和二年一二月二一日付・農地政策課長通知）。

（注二）「農地移動適正化あっせん事業」により農用地等の権利を取得させる者のみたすべき要件（農地移動適正化あっせん事業実施要領の制定について（昭和四五年一月一二日付け四四農地B第三七一二号農林事務次官通知、最終改正令和三年三月二九日付け二経営第三三九七号））

⑴　当該農地等の権利取得後の経営面積が当該地域における作目及び経営形態別に当該地域における農家の平均以上の経営面積で農業委員会が定める基準面積を超えるものであること

⑵　資本装備が農用地等の効率的利用の観点からみて適当な水準であるか又は、近く適当な水準になる見込みがあると認められること

⑶　取得する農用地等を農業振興地域整備計画に定める農用地利用計画に従って利用することが確実であると認められること

⑷　農業振興地域整備計画において育成しようとする作目及び農業経営の形態に対応して必要と認められる要件

〔問89〕利用権の期間が終了するのですが、引き続いて貸す場合はどうすればよいでしょうか。

答

農業経営基盤強化促進法による利用権設定等促進事業の実施によって設定又は移転された利用権は、その存続期間又は残存期間が満了すれば、自動的に終了することになっています。

したがって、利用権の再設定を希望する場合には、市町村に対し、利用権の期間満了の日の翌日を始期とする利用権の設定を内容とする農用地利用集積計画を再作成してもらうことになります。

なお、市町村は、利用権の期間満了前に、農業委員会等の協力を得て、当事者に対して利用権の再設定の意向の有無を確認するようにしていますので、その際に再設定を希望する旨申し出て下さい。

〔問90〕　共有地の場合、農用地利用集積計画の同意は共有者全員のものが必要ですか。また、抵当権がある場合、抵当権者の同意も必要ですか。

答

(1)　農用地利用集積計画は、利用権の設定等に係る土地ごとに、利用権の設定等を受ける者並びにその土地について所有権、地上権、永小作権、質権、賃借権、使用貸借による権利又はその他の使用収益権を有する者の全ての同意が得られていなければならないこととされています（農業経営基盤強化促進法第一八条第三項第四号）。

(2)　民法上、地上権、永小作権又は質権を有する者が貸す場合については、所有者の承諾は不要とされていますが、本事業を円滑に進めるためには、このような民法上承諾を要しない所有者からも同意を得ておくことが適当であるとの考え方からこのような者の同意も必要とされているものです。このため、共有地の場合にも、原則として共有者全員の同意が必要ですが、同計画策定の円滑化を図るため二〇年を超えない利用権の設定にあっては、土地の所有権を有する者の同意は共有持分の二分の一を超える同意でよいこととされています（基盤法第一八条第三項第四号ただし書）。

(3)　また、農業委員会が探索を行ってもなお共有持分の二分の一を超える者を確知できない場合には、判明している共有持分を有する者のすべての同意を得て公示手続きを行い、不確知共有者が異議を述べなかった場合には、農用地利用集積計画に同意したものとみなして農地中間管理機構に二〇年以内の利用権設定を行うことが可能となっています（基盤法第二一条の二～第二一条の五）。

(4)　抵当権者等の担保物権者については、不動産質権者を除き土地についての使用収益権を有していないので、その同意を得る必要はありません。

〔問90の2〕　共有者の一人からの申出によって利用権の設定を行える仕組みについて教えてください。

答　所有者が死亡し相続登記もしなかったため共有となり、そのまま長期間が過ぎ共有者の一部が不明となった農地の場合、農用地利用集積計画の同意を得るため不明の共有者の探索等に手間と努力を要することになります。また、探索しても結局過半の共有者が見つからないため利用集積に至らないこともあります。

このような農地について利用集積を進めるため、平成三〇年に農業経営基盤強化促進法が改正され、共有者の一人からの申出による利用権設定の仕組みが創設されました。

その内容・手続きは次のとおりです。

①　過半の共有者が見つからない農地の共有者の一人が市町村に申出を行います。

② 申出を受けた市町村は、農地中間管理機構を受け手とする期間二〇年以内の利用権（賃借又は使用貸借）の設定を内容とする農用地利用集積計画の案を作成し、農業委員会に不明な共有者の探索を要請します（基盤法第二一条の二第一項）。

③ 農業委員会は、相当な努力が払われたと認められる方法で所有者に関する情報を探索し（同条第二項）、所有者の同意を取ります。

この探索は、土地登記簿の所有名義人又はその配偶者と子の住所地を戸籍簿により確認し、相続人である配偶者と子に対し書類を送付（同一市町村の場合は訪問も可）することにより行います。なお、この探索は、登記名義人の配偶者と子以外にする必要はありません。

④ 返信があった場合は判明した共有者として他の共有者とともに農用地利用集積計画の同意を取ります。返信がない場合は、そのまま不明者と扱います。

⑤ ③によって過半の持分を有する共有者が判明せず、判明している共有者すべての同意を得られた場合は、農業委員会は農地中間管理機構を受け手とする農用地利用集積計画等を六カ月公示します（基盤法第二一条の三）。

⑥ 公示期間中異議がなかった場合、判明していない共有者の同意があったものとみなされ（基盤法第二一条の四）、その旨市町村及び農地中間管理機構に通知します。

⑦ 市町村は農用地利用集積計画を公告し、利用権が農地中間管理機構に設定されます。

〔問91〕 農業経営基盤強化促進法で売買、貸借するとどのようなメリットがあるのですか。

答

農業経営基盤強化促進法により売買、貸借を行った場合のメリットとしては次のようなものがあります。

(1) 制度面では、

① 農用地の権利の設定、移転については農地法の許可手続きが不要です（農地法第三条第一項第七号）。

② 農地の賃貸借については、存続期間が経過すれば賃貸借は自動的に終了し、離作料を支払うことなく、貸主に返還されます（農地法第一七条ただし書）。

③ 農地を取得して農業用施設用地に転用する場合には、農地法の転用許可手続きは不要です（農地法第四条第一項第三号、第五条第一項第二号）。

④ 農用地区域内の土地を農用地又は農業用施設用地に開発する場合には農振法の開発許可手続きは不要です（農振法第一五条の二第一項第五号）。

⑤ 農地の売買については所有権を取得した者が請求すれば市町村が所有権移転の登記を行ってくれます。

(2) 金融、助成面では、

①　農地の購入については次の資金を借りることができます。

ア　農業経営基盤強化資金（スーパーL資金）

この資金は、農業経営基盤強化促進法の農業経営改善計画の認定を受けている個人・法人を対象とし、償還期間二五年（据置期間一〇年）以内、貸付限度額個人三億円（特認六億円）、法人一〇億円（特認三〇億円）とする資金です。農地を買う場合にも借りることができます。

イ　経営体育成強化資金

このほか、経営体育成強化資金（問15・二・⑴・①・イ参照）も農地等の所有権又は利用権の取得をする場合にも活用することができます。

⑶　税制面では、

①　所得税、法人税

ア　譲渡所得については、八〇〇万円の特別控除が認められています。

イ　農地中間管理機構の買入協議により農用地を同法人に譲渡した場合については、一、五〇〇万円の特別控除が認められています（農用地区域内の農用地）。

ウ　令和元年以降、改正後の農業経営基盤強化促進法に基づき、一定の事項が定められた農用地利用規程に基づき行われる農用地利用改善事業の実施区域内にある農用地が、その農用地の所有者の申出に基づき農地中間管理機構に買い取られる場合については、二、

○○○万円の特別控除が認められています（農用地区域内の農用地）。

② 登録免許税
所有権移転登記に係る登録免許税が軽減されます（本則一、○○○分の二○→一、○○○分の一○）

③ 不動産取得税
不動産取得税の課税標準が次のように軽減されます。
取得の場合…取得価格の三分の一を控除（農用地区域内の土地）
交換の場合…交換により「失った土地の価格」又は「取得した土地の価格の三分の一」いずれか多い額を控除（農用地区域内の土地）

〔問92〕 農業経営基盤強化促進法で貸した場合、途中で返してもらうにはどうすればよいでしょうか。

答

(1) 農業経営基盤強化促進法の利用権設定等促進事業により賃借権を設定する場合、賃借権の期間及び条件は、当事者の合意の下にその同意を得た上で農用地利用集積計画において定められ、公告されます。この農用地利用集積計画の定めるところにより設定された賃借権については、期間満了により、賃貸借は何らの手続きもなく自動的に終了するよう農地法上措置されています（農地法第一七条（法定更新）の適用除外）。

(2)　しかし、何らかの事情で、どうしても賃借権の存続期間の途中で解約し、土地を返してもらおうとする場合は、当事者双方の合意による解約をするとよいでしょう。この場合、合意が土地の返還を受ける期限前六カ月以内のもので書面において明らかにされている場合には、農業委員会に通知するだけで足りることとなっています（同法第一八条）。

〔参考〕　通知書の様式、記載方法、添附書類は巻末附録参照。

〔問93〕　利用権設定等促進事業により設定される賃借権は、期間満了により終了するといわれていますが本当ですか。もし、期間満了後も賃借人が引き続き耕作し、貸主もこれを知りながら異議を述べなかったような場合、その権利関係はどうなりますか。

答　一、農業経営基盤強化促進法に基づく農用地利用集積計画の定めるところにより設定された賃借権については、農地法上の期間の定めがある農地等の賃貸借の法定更新の規定が適用しない（農地法第一七条ただし書）こととされているので、賃貸借の期間が満了すれば当然に賃貸借は終了し、貸し手は賃貸していた農地を自動的に返還してもらえます。

二、しかしながら期間満了後も引き続き借り手が耕作を継続し、貸し手もこれを知りながら異議を述べなかったときは、民法第六一九条第一項の規定により従前の賃貸借と同一の条件で更に賃貸借をしたものと推定されます。この賃貸借の更新の推定により更新された後の賃貸借について、これを終了させるためには農地法第一八条の許可が必要になります。

三、このようなことから、農業経営基盤強化促進法による賃貸借の期間満了前には、市町村、農業委員会は賃借権の再設定をするかどうか、その意向を確認し、希望する場合には農用地利用集積計画の作成を進めることとし、また希望しない場合には農地等の返還を指導する等、事後において法律上の問題が生じないようにすることとされています。

Ⅳ　旧農地利用集積円滑化団体

〔問94〕　令和元年の法改正で農地中間管理事業に統合・一体化された旧農地利用集積円滑化事業の取扱いはどうなるのでしょうか。

答　旧農地利用集積円滑化事業（旧円滑化事業）について、主に次のような措置を講じた上で、農地中間管理事業に統合・一体化することとされました。

① ブロックローテーションや新規就農の促進など特色ある取り組みを行い、一定の実績のあるＪＡ等については、旧円滑化事業の枠組みに代えて、農用地利用配分計画の原案を作成できる仕組みを措置する。

② 農地中間管理機構の事業の実施地域を、旧円滑化事業の事業実施地域と同様に「市街化区域以外の区域」に拡大する。

③ 統合・一体化に伴う経過措置とし、賃借権等を一括して旧農地利用集積円滑化団体（旧円滑化団体）から農地中間管理機構に承継することができる仕組みを措置する。

なお、旧円滑化団体から借りている農地については、契約期間満了まで引き続き借りることができます。統合・一体化を定める改正法の施行日（令和二年四月一日）から三年間は、旧円滑化団体から農地中間管理機構に利用権が一括承継されることがありますが、あくまでも貸主名義の変更です。この場合も契約者には知らせがあり、賃料や契約期間といった契約条件は変わりません。

V　農用地利用改善事業等

〔問95〕　農用地利用改善事業とはどのような事業ですか。

答　一、我が国農業が国民経済の発展と国民生活の安定に寄与していくためには、効率的かつ安定的な農業経営を育成し、これらの農業経営が農業生産の相当部分を担うような農業構造を確立することが重要です。しかしながら、零細で分散している農地所有による零細農業経営という我が国の農地事情の下では、個人的な対応のみによってこれを実現するには限界があるので、集落の話し合いをベースにして作付地の集団化や農作業の効率化、更には認定農業者への利用権の設定等を進めていく必要があります。

二、このような観点から、「農用地利用改善事業」は、①農用地に関し権利を有する者の組織する団体が実施主体となって、②事業の準則となる「農用地利用規程」を定め、これに従い、③農用地の効率的かつ総合的な利用を図ることを目的として作付地の集団化、農作業の効率化、認定農業者への利用権設定等を話し合いを通じて進める事業として、農業経営基盤強化促進事業の一つの柱として設けられました。

三、具体的な仕組みは次のようになっています。

①　まず、集落、大字等の基本構想で定める基準に適合する地区で、農業者同士が話し合った上、この事業を実施する団体を組織します。この団体には、その地区内の農用地の所有権、賃借権等使用及び収益を目的とする権利を有する者の三分の二以上が参加する必要があります（農業経営基盤強化促進法第二三条）が、事業を円滑に進めることを考えた場合にはできるだけ全員が参加して団体を作ることが望ましいでしょう。

なお、この団体は既存のものでもよく、また、新たに設立するものでもかまいませんが、目的、構成員等一定の基準（農林水産大臣が定める基準）に従った定款又は規約を整える必要があります。この団体は、共同利用施設又は農作業の共同化の事業を行う農事組合法人のほかは、多くは任意団体です。

②　次に、実施団体は、地区の農用地を有効利用するための関係権利者の申し合わせであり、農用地利用改善事業を進めるための準則である「農用地利用規程」を作成します。この規程では、

ア　農用地の効率的かつ総合的な利用を図るための措置に関する基本的な事項

イ　事業の実施区域

ウ　作付地の集団化などの農作物の栽培の改善に関する事項

エ　認定農業者とその他の構成員との役割分担その他農作業の効率化に関する事項

オ　認定農業者に対する農用地の利用集積の目標その他農用地の利用関係の改善に関する

事項

などを定め、市町村の認定を受けます。

なお、農用地利用改善事業には、「特定農業法人制度」及び「特定農業団体制度」があり、これは特に担い手の不足が見込まれる地域において、農地の利用を責任をもって引き受けてもらう農業経営を営む法人又は集落営農組織を育成する制度です。

特定農業法人とは、集落の話し合いをベースとして作られる農用地利用規程の中で地域の農地を責任をもって引き受けるものとして位置付けられた農業経営を営む法人です。

特定農業団体とは、農用地利用規程の中で地域の農用地について農作業の委託を受けて農用地の利用の集積を行う団体（農業経営を営む法人を除き、農業経営を営む法人となることが確実であると見込まれる等の要件に該当するもの）として位置付けられた団体です。

これらの場合、特定農業法人又は特定農業団体の同意を得て農用地利用規程（「特定農用地利用規程」といいます。）を定め、市町村の認定を受けることになりますが、規程で定める事項は通常の事項に加え、

ア　特定農業法人又は特定農業団体の名称及び住所

イ　特定農業法人又は特定農業団体に対する農用地の利用の集積の目標

ウ　特定農業法人又は特定農業団体に対する農用地の利用権の設定等及び農作業の委託に

関する事項が必要となります。

③ 市町村は、農用地利用規程が基本構想に適合しているなど適当であるときは、これを認定し、公告します。

④ このようにして準備が整いますと、実施団体は農用地利用規程に基づき農用地の効率的かつ総合的な利用のための具体的な活動を開始することになります。

〔問96〕 農用地利用改善事業を実施する上で、留意すべき点はありますか。

答 農用地利用改善事業は、一定の地縁的なまとまりのある地域において、集落機能の活用等を通じて関係農業者等の合意の下に、作付地の集団化、農作業の効率化、認定農業者への農用地の利用集積を図るとともに、特に担い手の不足が見込まれる地域において、地域の農用地を原則として引き受ける農業経営を営む法人（特定農業法人）あるいは農作業を受託する集落営農組織（特定農業団体）を明確化し、これについて支援措置を講ずるものであることから、農用地利用規程の作成や具体的な実行活動等に当たっては、関係農業者等による十分な話し合いが必要です。

〔問97〕 農用地利用改善団体を作るにはどうすればよいでしょうか。

答

一、農用地利用改善団体を設立するには、その団体が次の四つの要件を備えることが必要です。

(1) 市町村が定める基本構想に基づく基準に適合した区域を活動地区とすること

(2) その地区の農用地について権利をもつ農業者等の三分の二以上の者が構成員となっていること

(3) その定款又は規約が農林水産大臣の定める基準（基本要綱別紙12第4・2(2)）に適合していること

(4) 農用地利用規程を作成し、市町村の認定を受けること

二、農用地利用改善団体になる手続きは、次のとおりです。新設の場合と既存の組織から移行する場合とでは若干異なります。

(1) 新設の場合

① 農用地利用改善事業の目的、内容、実施区域等について関係者間でよく話し合い、その構想を固めます。

② 次に、実施しようとする区域にある農用地の関係権利者の三分の二以上を構成員とし

て農用地利用改善事業を実施する団体を組織します。この団体は、農事組合法人（農業協同組合法第七二条の一〇第一項第一号の事業を行うもの）でも任意組合でもかまいません。

③　更に、団体の構成員全員のあるいは団体の指導者層を中心として話し合いを積み重ね、農用地利用規程の案と、定款又は規約の案を作成し、団体の総会その他の議決機関に諮りその承認を得ます。

④　最後に、団体の代表者は、農用地利用規程の認定申請書に、議決された農用地利用規程及び定款又は規約及び実施しようとする区域の農用地の権利者の加入状況を記載した書面を添えて市町村に提出してその認定を受けます。この市町村の認定を受けますと正式に農用地利用改善団体となります。

(2)　既存の組織から移行する場合

新設の場合と基本的には同じですが、次の点に留意して必要な調整を行い、農用地利用改善団体へ円滑に移行されるようにすることが必要です。

①　その団体の目的や活動内容が行おうとする農用地利用改善事業の目的や内容と調和するかどうか。

②　その団体の構成員には、農用地利用改善事業の実施区域にある農用地の関係権利者の三分の二以上を含んでいるかどうか。

③　その組織の定款や規約の内容が農林水産大臣の定める基準（基本要綱別紙12第４・２⑵）に適合するかどうか。

三、特定農業法人又は特定農業団体について定める場合には、地域の農用地をどのようにして有効利用し、適切に保全していくか集落で十分話し合い、地域の農用地の利用を責任をもって引き受けてもらう農業経営を営む法人又は集落営農組織を育成し、農用地の有効利用、管理をするという合意（特定農業法人又は特定農業団体の同意が必要）を得る必要があります。

このような合意が得られたら、通常の農用地利用規程に

ア　特定農業法人又は特定農業団体の名称及び住所

イ　特定農業法人又は特定農業団体に対する農用地の利用の集積の目標

ウ　特定農業法人又は特定農業団体に対する農用地の利用権の設定等及び農作業の委託に関する事項

を加えて作成した特定農用地利用規程に特定農業法人又は特定農業団体の同意書を添えて市町村に申請し、認定を受けます。

〔問98〕 農用地利用改善団体、特定農業法人にはどのようなメリットがあるのでしょうか。

答

農用地利用改善団体のメリットとしては、次のようなものがあります。

(1) 制度面では、次のようなメリットがあります。

① 農用地利用改善団体の構成員である農協の組合員が、利用権設定等促進事業で農地を全部貸付けることにより正組合員資格を失うこととなる場合でも、農協の正組合員資格が継続されます。

② 農事組合法人の組合員の資格についても、農協の正組合員資格に準じその継続が認められます。

③ 農用地利用改善団体は、市町村に農用地利用集積計画を作成するよう申し出ることができます。

④ 農用地利用改善団体が農事組合法人である場合には、土地改良法の土地改良事業の実施主体となることができます。

⑤ 特定農業法人については、農業経営改善計画の認定を受けた者とみなされます。

(2) 税制面では、特定農業法人について、農業の担い手に対する経営安定のための交付金の交付に関する法律に規定する交付金等を受けた場合に、(注)農業経営基盤強化準備金制度の適用が受けられます。

(3)　このほか、農用地利用改善団体は、農用地利用改善事業の実施に関し、農業委員会、農協及び農地中間管理機構の助言を受けることができます。

（注）　農業経営基盤強化準備金

(1)　平成一九年度からの品目横断的経営安定対策や米政策改革推進対策等の導入に伴い、担い手に対する税制として、「農業経営基盤強化準備金制度」が措置されています。

(2)　農業経営基盤強化準備金制度では、担い手（確定申告を青色申告で行う必要があります。）が経営所得安定対策等の交付金を認定計画等に従い、準備金として積み立てた場合、当該積立額を個人は必要経費算入、法人は損金算入できます。

(3)　さらに、認定計画等に従い、五年以内に当該準備金を取り崩したり、受領した交付金等を準備金として積み立てずに受領した年（事業年度）に用いて、農用地や農業用機械・施設等の固定資産を取得した場合には、圧縮記帳できます。

(4)　交付金を受領する人で、農業経営基盤強化準備金の税制特例を受けるには、「農業経営基盤強化準備金及び農用地等を取得した場合の課税の特例の適用に関する農林水産大臣の証明書」（最寄りの地方農政局の各支局等で交付申請の受付を行っています）が必要となります。

〔問99〕　令和元年の改正で設けられた農用地利用規程において利用権の設定等を受ける者を認定農業者及び農地中間管理機構に限定する仕組みについて、その内容とメリットを教えてください。

答

一、農用地の保有及び利用の現況及び将来の見通し等からみて効率的かつ安定的な農業経営を営む者に対する農用地の利用の集積を図ることが特に必要であると認められる地域において、通常の農用地利用規程に農用地利用改善事業の実施区域内の農用地について利用権の設定を受ける者を認定農業者及び農地中間管理機構に限る旨等を加え、当該認定農業者及び農地中間管理機構の同意及び事業実施を域内の農用地の所有者の三分の二以上の同意を得て定めたものを特例農用地利用規程といいます。

二、特例農用地利用規程の認定を受けた日から五年間の有効期間中は、その区域内の農用地について当該特例農用地利用規程に定めた認定農業者及び農地中間管理機構以外の者への権利の移転や、農用地区域からの除外が制限される一方、農地中間管理機構に譲渡した場合に譲渡所得から二、〇〇〇万円を特別控除する特例措置が設けられています。

〔問100〕　農業経営基盤強化促進法による「農作業の受委託を促進する事業」、「農業経営の改善を図るために必要な農業従事者の養成及び確保を促進する事業」、「その他農業経営基盤の強化を促進するために必要な事業」の内容について説明して下さい。

答　一、農作業の受委託を促進する事業（農作業受委託促進事業）

本事業は、農家の労働力、機械装備などの事情に応じ、農用地の権利移動に至らない段階においても、できる限りその所有と利用の有効な結合が図られるよう、農作業の受委託を組織的に促進しようとするものです。

農作業の受委託は、㋐農業機械銀行方式による仲介あっせん型、㋑農協受託、生産組織受託等の一括受託型、㋒個別農家による個別相対型、㋓生産組織内部の機能分化による組織内受委託型など、地域の実情に応じさまざまの形で行われています。

したがって、農作業受委託促進事業も、このような地域の実情に応じて、それぞれ異なったものとなるわけですが、次のような点を重点に推進することが適当とされています。

① 効率的に農作業を実施する受託組織や受託農家群を育成し活用する。

② 作業委託希望農家と受託組織や受託農家群との間の円滑な橋渡しを行うため、農協等が中心となって農作業受委託の仲介あっせんを促進する。

③ 農作業の受委託への農業者の十分な理解と積極的な対応を促進するためあらゆる機会を捉らえて啓発普及を図る。

なお、農協はこれらの促進に努めることとされています。

二、農業経営の改善を図るために必要な農業従事者の養成及び確保を促進する事業（農業従事者養成確保促進事業）

この事業は、地域の実情に応じ市町村が行う青年農業者の育成を助長する事業、農村女性が能力を十分発揮していくための条件整備等を促進する事業などです。

三、その他農業経営基盤強化を促進するために必要な事業

農業経営基盤強化促進事業に定められた事業（①利用権設定等促進事業、②農用地利用改

善事業、③農作業受委託促進事業及び農業従業者養成確保促進事業）以外の事業であって、地域の実情に応じ市町村が農業経営の改善を図るために必要であると認めて基本構想で定める事業です。

具体的には、例えば①生産組織の育成を助長する事業、②地力の維持培養及び堆きゅう肥・副産物の有効利用を促進する事業、③農産物の集出荷の合理化その他流通の改善を促進する事業などが考えられます。

《追加》

【農地中間管理法関係】

〔中間1〕　農地中間管理事業とはどのような事業ですか。

答　都道府県知事の指定を受けた農地中間管理機構が、農用地の利用の効率化及び高度化を促進するため、都道府県の区域（市街化区域を除きます。）を事業実施地域として、次の業務を行うものをいいます（農地中間管理法第二条第三項）。

(1)　農用地等についての農地中間管理権（中間2参照）の取得

(2)　農地中間管理権を有する農用地等の貸付け

(3)　農地中間管理権を有する農用地等の改良、造成又は復旧、農業用施設の整備その他農用地等の利用条件の改善を図るための業務

(4)　農地中間管理権を有する農用地等の貸付けを行うまでの間、当該農用地等を管理（その農用地等を利用して行う農業経営を含みます。）

(5)　農地中間管理権を有する農用地等を利用して行う、新たに農業経営を営もうとする者が農業の技術又は経営方法を実地に習得するための研修

(6)　(1)〜(5)の業務に附帯する業務

〔中間2〕 農地中間管理機構が取得する農地中間管理権とはどのような権利ですか。

答

農地中間管理機構が取得する農用地等についての農地中間管理権とは、農地中間管理機構が農用地利用配分計画によって貸し付けることを目的として取得する①賃借権又は使用貸借による権利、②農地貸付信託の引受けにより取得する所有権、③所有者等を確知できない農地について取得する利用権のことをいいます（農地中間管理法第二条第五項）。

なお、農地中間管理機構が農地中間管理権を有する農用地等の貸付けを行う場合には、民法第五九四条第二項の使用貸借についての貸主の承諾及び第六一二条第一項の賃貸借についての賃貸人の承諾の規定にかかわらず、貸主又は賃貸人の承諾を得ることは要しないこととされています（農地中間管理法第一八条第九項）。

〔中間3〕 農地中間管理事業に関係する「人・農地プラン」とはどういうものですか。

答

農村地域は、農業者の高齢化等により担い手の不足や耕作放棄地の発生等の問題が深刻になっています。このため、地元の話し合いにより、地域農業の将来への危機感を共有し、このような人と農地の問題を解決するための方法を計画としてまとめるものが、「人・農

地プラン」です。「人・農地プラン」では、話し合いの結果として

① 今後の地域の中心となる経営体（担い手）
② 担い手の確保状況
③ 将来の農地利用のあり方
④ 農地中間管理機構の活用方針
⑤ 将来農地の出し手となる者と農地
⑥ 今後の地域農業のあり方

などが明らかにされます。

このプランを真に地域の話し合いに基づくものにするために、令和元年から「人・農地プランの実質化」に向けた取り組みが全国各地で進められています。「人・農地プランの実質化」とは、市町村、農業委員会など地域の関係者の参加の下で、アンケートや地図を活用し、地域の話合いの場で農業者が地域の現況と将来の地域の課題を関係者で共有することにより、今後の農地利用を担う中心経営体への農地集約化に関する将来方針の作成する取り組みとされています。実質化されたプランを実現するためには、安心して貸し借りができる公的機関である農地中間管理機構を活用することにより農地の利用集積を円滑に進めることが重要になってきます。

〔中間4〕　農地中間管理事業のメリットは何ですか。

答　一般的に農地の貸借をする場合、出し手にとっては、①相手が見つからない、②借り手がきちんと農地を使うか不安、③相対で交渉するのは面倒というような問題があり、また、受け手にとっても①条件のいい農地が見つからない、②多数の地主に対する賃借料の支払いが面倒などの問題を抱えています。

そこで、公的機関である農地中間管理機構が間に入ることにより、出し手は安心して農地を貸し、受け手も条件のよい農地を借り入れて、賃借料も農地中間管理機構に払えば良くなるという双方にメリットがあります。

また、農地中間管理機構を利用することにより、地域や出し手に協力金が支払われますし、受け手の要望があれば簡易な整備により農地の大区画化等の条件整備をすることも可能です。

〔中間5〕　田舎に借り手がいなくて耕作放棄している農地があります。農地中間管理機構は借りてくれるでしょうか。

答　農地中間管理機構に対し農地の貸付の申出があった場合、農用地等として利用することが著しく困難なものや借り手の募集状況等からみて借り入れる者がいないものについては農地中間管理機構は借入をしないこととされています（農地中間管理法第八条第三項第三号）。

借り入れをしない農地の具体的な基準は、各都道府県の農地中間管理機構の事業規程の中で定められています。

貸し付けたい農地が耕作放棄地だとしても、直ちに機構から借入を断られることはないと思いますが、農地への復元が困難なものや山間棚田など耕作条件が悪く借り手も見つからないようなものは断られるかもしれません。

その農地の状況を農地中間管理機構が確認して（機構から業務委託を受けている市町村（農業委員会）が行う場合もあります。）判断しますので、貸付を希望していることを機構（又は市町村、農業委員会）に伝えておくことがよいでしょう。

〔中間6〕 農地中間管理機構に貸した場合、土地改良賦課金、固定資産税の負担はどのようになるでしょうか。

答 一般的に土地改良賦課金は耕作している者が負担していると思われます。したがって、農地中間管理機構が借入れてまだ貸付けていない農地の土地改良賦課金は農地中間管理機構が負担することになります。

なお、固定資産税は基本的に所有者が負担するものですから、農地中間管理機構に貸したとしても引き続き地主が負担することになります。

〔中間7〕 農地中間管理機構から農地を借りて規模拡大したいのですが、何か注意点はありますか。

答 農地中間管理機構から農地を借受けるためには、機構が実施する借受希望者の公募に応募して、借受け希望者として登録・公表されていることが必要です（農地中間管理法第一七条）。公募は区域を区切って定期的（年間を通じて行っている機構もあります。）に行われていますので、あらかじめ、借受けを希望する地域について応募しておくとよいでしょう。

応募に当たっては、次の事項などを明らかにした申込書を提出します。
① 借受けを希望する農用地等の種別、面積、希望する農用地等の条件
② 借受けた農用地等に作付けしようとする作物の種別
③ 借受けを希望する期間
④ 現在の農業経営の状況（作物ごとの栽培面積等）
⑤ 当該区域で農用地等を借受けようとする理由（規模拡大、農地の集約化、新規参入等）

〔中間8〕 農地中間管理機構から農地を借りていますが、農地の条件が悪く期間途中ですが返還したいと思っています。中途解約は可能でしょうか。

答

農地の賃貸借契約について、基本的に貸借期間の途中に借り手から一方的に解約することはできません。これは、農用地利用配分計画による賃貸借であっても同様です。

しかしながら、新たな借り手がいる場合や地主が期間途中の返還に応ずる場合などで農地中間管理機構が返還に合意すれば解約することができますので、機構に事情を説明し解約を申し入れてみてはどうでしょうか。

なお、この場合農地法第一八条の許可を要しない解約とするため、解約をする前六月以内に書面でその旨を明らかにしておく必要があります。

〔中間9〕 農地中間管理事業は、どのように推進されるのですか。

答

農地中間管理事業は、次のように推進されます。

(1) 農地中間管理事業の推進に関する基本方針の設定（農地中間管理法第三条）

都道府県知事は、効率的かつ安定的な農業経営を営む者が利用する農用地の面積の目標等農地中間管理事業の推進に関する基本方針を定めます。

① 農地中間管理機構の指定（同法第四条）等

都道府県知事は、農用地の利用の効率化及び高度化の促進を図るための事業を行うことを目的とする一般社団法人又は一般財団法人（一般社団法人にあっては地方公共団体が総社員の議決権の過半数を有しているもの、一般財団法人にあっては地方公共団体が基本財産の額の過半を拠出しているものに限られます。）であって、農地中間管理事業に関し、基準に適合すると認められるものを、申請により都道府県に一を限って、農地中間管理機構として指定します（同法第四条）。

なお、農地中間管理機構には、農地中間管理事業の実施状況を評価し、必要と認める意見を農地中間管理機構の代表者に述べることができる農地中間管理事業評価委員会を置かなければならないこととされています（同法第六条）。

また、農地中間管理機構の役員の選任若しくは解任は、都道府県知事の認可を受けなければ効力を生じないこととされており、役員が法律等に違反する行為をしたときや、事業の実施状況が著しく不十分である場合において、その役員に引き続き職務を行わせることが不適当であると認めるときは、都道府県知事は農地中間管理機構に対し、その役員を解任すべきことを命ずることができます（同法第七条）。

② 農地中間管理事業規程（同法第八条）

農地中間管理機構は、農地中間管理事業の開始前に、農地中間管理事業の実施に関する規程（以下「農地中間管理事業規程」といいます。）を定め、都道府県知事の認可を受けなければなりません。

この認可を受けたときは、農地中間管理機構はその農地中間管理事業規程を公表しなければなりません（同法第八条第四項）。

③ 事業計画等（同法第九条）

農地中間管理機構は、事業年度ごとに、その事業年度の農地中間管理事業の目標等を定めた事業計画及び収支予算を作成し、毎事業年度開始前に、都道府県知事の認可を受けるとともに、これらを公表しなければなりません。

また、農地中間管理機構は、毎事業年度終了後、農地中間管理事業に関し事業報告書、貸借対照表、収支決算書及び財産目録を作成し、農地中間管理事業評価委員会の意見を付して、毎事業年度経過後三月以内に、都道府県知事に提出するとともに、これらを公表しなければなりません。

④　監督命令（同法第一三条）

都道府県知事は、農地中間管理事業の適正な実施を確保するため必要があると認めるときは、農地中間管理機構に対し、農地中間管理事業に関し監督上必要な命令をすることができるものとされています。

(2)　農地中間管理事業の実施

①　借受けを希望する者の募集等（同法第一七条）

農地中間管理機構は、定期的に、区域ごとに、その区域に存する農用地等について借受けを希望する者を募集し、これに応募した者及びその応募内容に関する情報を整理し、これを公表するものとされています。

②　農用地利用配分計画（同法第一八条）

ア　農地中間管理機構は、農地中間管理権を有する農用地等について賃借権の設定等を行おうとするときは、農用地利用配分計画（計画において定める事項（中間11参照）を定め、あらかじめ利害関係人の意見を聴いた上で都道府県知事の認可等を受けなければならないものとされています。

イ　都道府県知事は、アの認可申請に係る農用地利用配分計画の内容が農地中間管理事業の推進に関する基本方針及び農地中間管理事業規程に適合する等の要件に該当するときは、認可をするものとされています。

ウ　都道府県知事は、②のアの認可をしたときは、遅滞なく、その旨を、関係農業委員会に通知するとともに、公告しなければならないものとされ、その公告があった農用地利用配分計画の定めるところによって賃借権又は使用貸借による権利が設定され、又は移転されます。

エ　ウの公告があった農用地利用配分計画の定めるところによって賃借権又は使用貸借による権利が設定され、又は移転される場合には、農地法第三条の許可を受ける必要はありません（農地法第三条第一項七号の二）。

〔中間10〕　農地中間管理機構に農地を貸す場合、農地中間管理機構から借りる場合の事務の流れはどうなっているのですか。

答

(1)　農地中間管理機構に農地を貸す場合の事務の流れは次図のようになります。

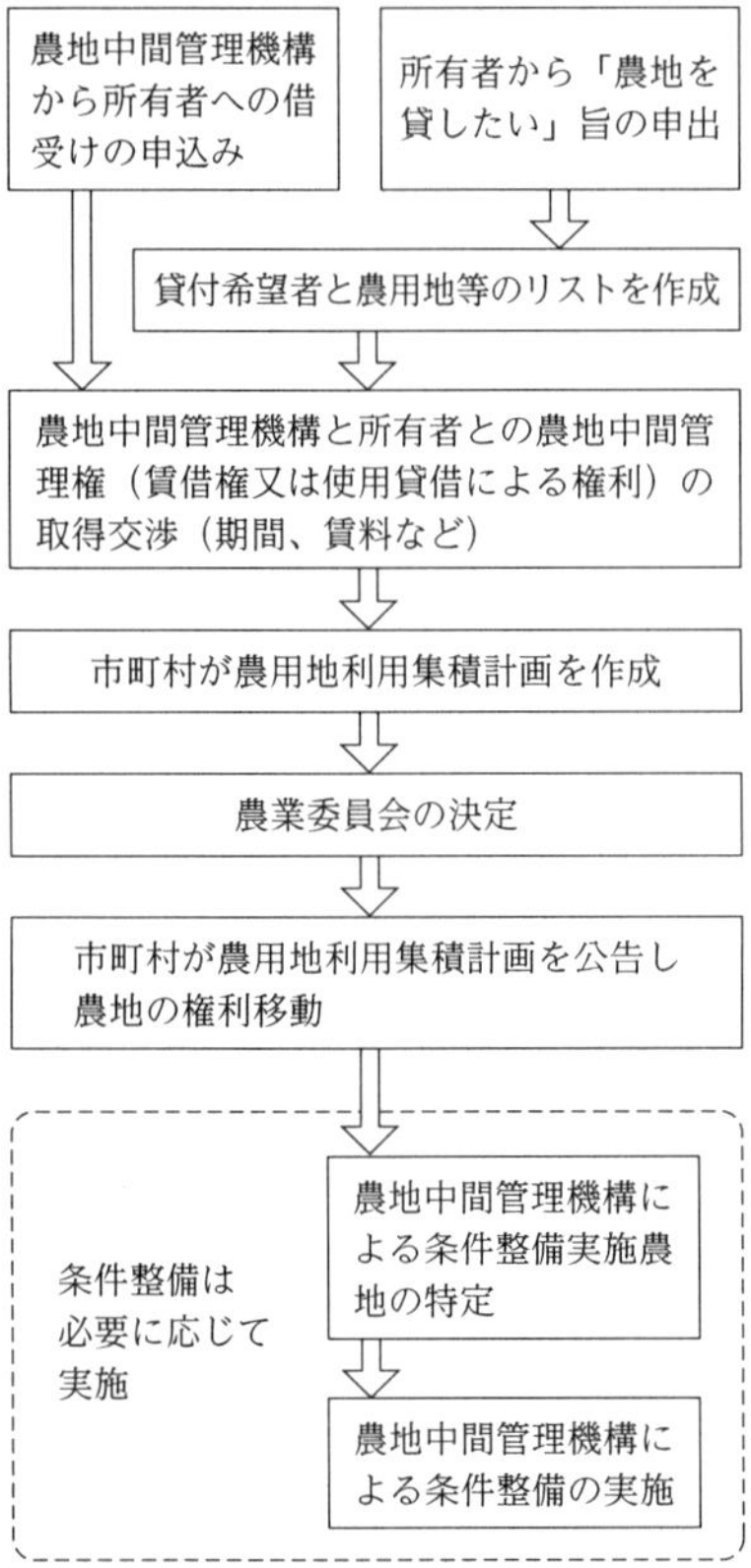

所有者から「農地を貸したい」旨の申出
農地中間管理機構から所有者への借受けの申込み
貸付希望者と農用地等のリストを作成
農地中間管理機構と所有者との農地中間管理権（賃借権又は使用貸借による権利）の取得交渉（期間、賃料など）
市町村が農用地利用集積計画を作成
農業委員会の決定
市町村が農用地利用集積計画を公告し農地の権利移動
条件整備は必要に応じて実施
農地中間管理機構による条件整備実施農地の特定
農地中間管理機構による条件整備の実施

(2)　農地中間管理機構から農地を借りる場合には、農用地利用配分計画で行われるものと、農地中間管理機構が所有者等からの借入れと受け手への貸付けを同時に行う農用地利用集積計

画によるものの二通りがあり、それぞれの事務の主な流れは次図のようになります。

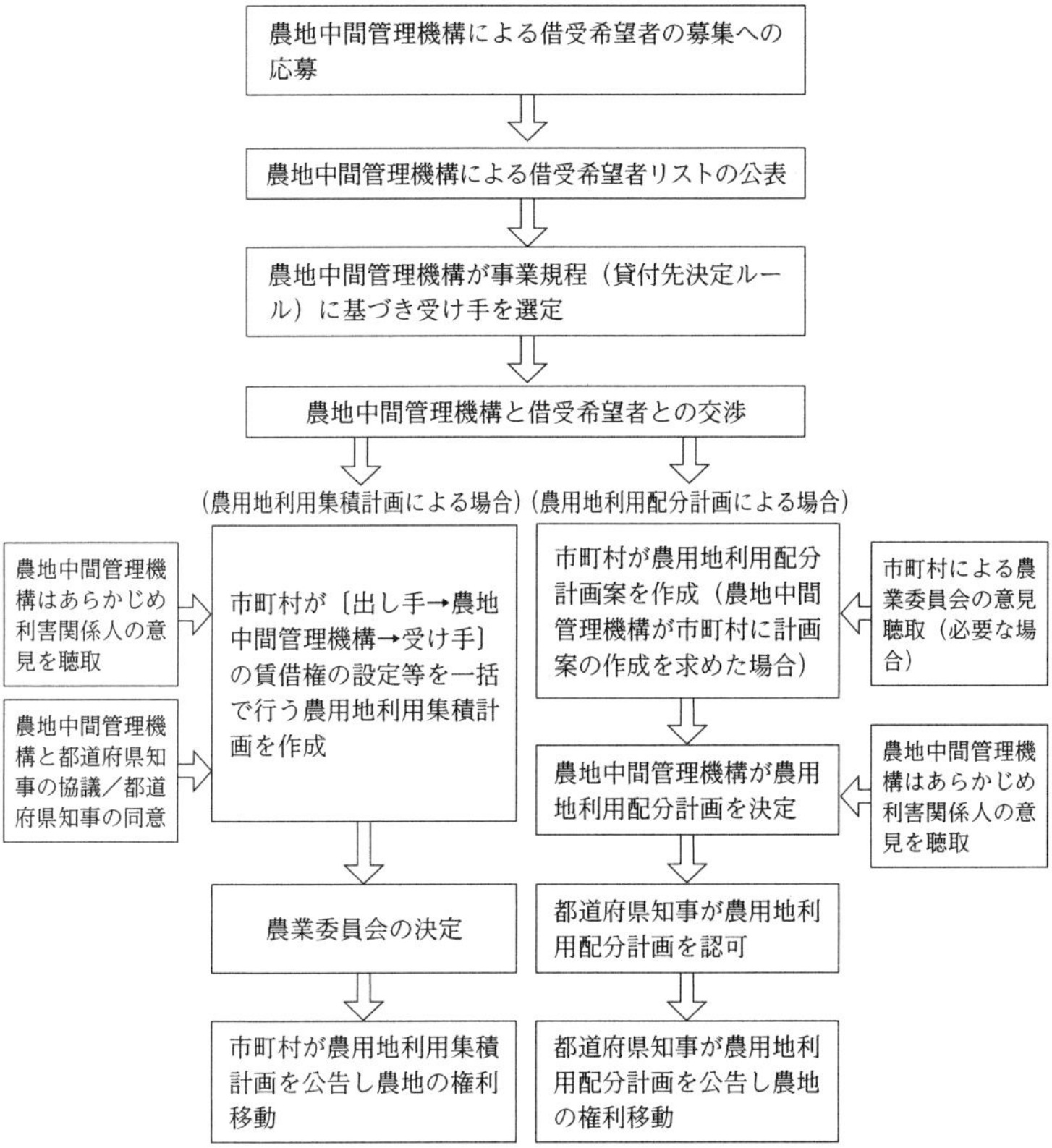

〔中間11〕 農用地利用配分計画ではどのようなことを定めるのですか。

答

農用地利用配分計画では次のことを定めます（法第一八条第二項）。

① 賃借権の設定等を受ける者の氏名又は名称・住所
② その者が賃借権の設定等を受ける土地の所在・地番・地目・面積
③ ②の土地について現に農地中間管理機構から賃借権又は使用貸借による権利の設定を受けている者がある場合には、その者の氏名又は名称及び住所
④ 賃借権の設定等を受ける者が設定等を受ける権利が賃借権又は使用貸借による権利のいずれであるかの別、当該権利の内容（土地利用目的を含む）、始期又は移転の時期、存続期間並びに賃借権の場合にあっては借賃及び支払の方法
⑤ その者が賃借権の設定等を受けた農用地等を適正に利用していないと認められる、あるいは正当な理由なく利用状況等の報告をしない場合に賃貸借又は使用貸借の解除をする旨の条件
⑥ その他省令で定める事項

〔中間12〕　都道府県知事が農用地利用配分計画を認可するときの要件はどうなっていますか。

答

都道府県知事が農用地利用配分計画を認可する際の要件は、次のようになっています（農地中間管理法第一八条第五項）。

① 農地中間管理事業の推進に関する基本方針及び農地中間管理事業規程に適合するものであること。

② 賃借権の設定等を受ける者が募集に応募した者で、公表されているものであること。

③ 賃借権の設定等を受ける者が次に掲げる要件の全てを備えること（農地所有適格法人及び次の④の者にあってはアに掲げる要件）。ただし、農協又は農協連合会が行う農業経営等のため賃借権の設定等を受ける場合等は、この限りでない。

ア　耕作又は養畜の事業に供すべき農用地の全てを効率的に利用して耕作又は養畜の事業を行うと認められること。

イ　耕作又は養畜の事業に必要な農作業に常時従事すると認められること。

④ 賃借権の設定等を受ける者が、耕作又は養畜の事業に必要な農作業に常時従事すると認められない者（農地所有適格法人、農協、農協連合会等を除きます。）の場合には、次に掲げ

る要件の全てを備えること。

ア　地域の農業における他の農業者との適切な役割分担の下に継続的かつ安定的に農業経営を行うと見込まれること。

イ　法人である場合には、その法人の業務執行役員等のうち一人以上の者がその法人の行う耕作又は養畜の事業に常時従事すると認められること。

⑤　土地ごとに、賃借権の設定等を受ける者（現に農地中間管理機構から賃借権の設定等を受けている者がある場合には、その者についても。）の同意が得られていること。

⑥　賃借権の設定等を受ける土地について、農用地の転用や開発行為を伴う場合、農地法の転用許可要件、農振法の開発許可要件を満たしていること。

〔中間13〕　農地中間管理機構が借入れと貸付けを一括して農用地利用集積計画で行うのは、どのような場合ですか。

答　農地中間管理機構が農用地利用配分計画によらずに農用地利用集積計画のみで一括して賃借権の設定等を行う仕組みのため（中間10の(2)参照）、農地の出し手と受け手のマッチングがあらかじめ整っている場合に行うことができます。

この仕組み（集積計画一括方式）は、令和元年の農地中間管理法の改正により創設されたもので、市町村が所有者等から農地中間管理機構への賃借権の設定等に関する内容及び農地中間管理機構から受け手への賃借権の設定等の内容を含む各筆明細を一つの農用地利用集積計画として作成し、同一の行政文書番号で、同日付けで公告します。従来の農用地利用集積計画と農用地利用配分計画の二段階方式に比べて、集積計画一括方式では一つの計画に二つの権利設定等を記載し、出し手、農地中間管理機構、受け手の三者が同意できますので、事務手続きの簡素化や期間の短縮につながる場合があります。

ただし、従来の農用地利用配分計画は出し手の同意が不要のため、この同意を取るための事務が負担となるケースなどでは、農用地利用配分計画による手続きを選択することもできます。

なお、集積計画一括方式では農地中間管理機構と受け手との賃借権の設定等に関して、都道府県知事との協議を経た上で、農地中間管理機構が同意をしている必要があります（農地中間管理法第一九条の二第一項）。

〔中間14〕　農地中間管理機構の業務は他に委託できますか。

答

農地中間管理機構は、農用地利用配分計画の決定等の次の業務は他の者に委託してはならないとされています（農地中間管理法第二二条、規則第一八条）。

① 農地中間管理権の取得の決定

② 農用地等について借受けを希望する者の募集及びその結果の公表
③ 農地中間管理機構による農用地等の条件整備の業務の実施の決定
④ 事業計画、収支予算、事業報告書、貸借対照表、収支決算書及び財産目録の作成

しかし、これら以外の農地中間管理事業に係る業務については、都道府県知事の承認を受けて他の者に委託することができます。

〔中間15〕 農地中間管理機構が農用地利用配分計画を定める場合に市町村及び農業委員会との関係はどうなりますか。

答 (1) 農地中間管理機構は、農用地利用配分計画を定める場合には、市町村等に対し、農用地等の保有及び利用に関する情報の提供その他必要な協力を求めることができます（農地中間管理法第一九条第一項）。

(2) 農地中間管理機構は、(1)の場合において必要があると認めるときは、市町村等に対し、その区域に存する同機構が農地中間管理権を有する農用地等について、賃借権の設定等を受ける者及び土地の所在等必要な事項を定め、受ける者の基準（中間12参照）に適合する農用地利用配分計画の案を作成し、農地中間管理機構に提出するよう求めることができます（農地中間管理法第一九条第二項）。

(3)　市町村が(1)又は(2)の協力を行う場合において必要があると認めるときは、農業委員会の意見を聴くものとされています（農地中間管理法第一九条第三項）。

〔中間16〕　農地中間管理権の設定等に係る農地が長い期間、貸付けできないような場合には、どのように取り扱われるのでしょうか。

答　農地中間管理機構は、その有する農地中間管理権に係る農用地等が、①相当の期間の経過してもなお貸付けを行うことができる見込みがないと認められるとき、②災害その他の事由により農用地等として利用を継続することが著しく困難となったときは、都道府県知事の承認を受けて、その農地中間管理権に係る賃貸借又は使用貸借の解除をすることができます（農地中間管理法第二〇条）。

〔中間17〕　農地中間管理機構は農用地利用配分計画により賃借権の設定等を受けた者に利用状況の報告を求めることができることになっていますが、具体的には何をするのですか。また、農用地等を適正に利用していない場合はどのように取り扱われるのですか。

答　一、農地中間管理機構は、農用地利用配分計画の定めるところにより賃借権の設定等を受けた者に賃借権の設定等を受けた農用地の利用状況について報告を求めることができるとされています（農地中間管理法第二一条第一項、規則第一七条）。

この報告の内容等については、農地中間管理機構が提出期限や様式等を明示して行うものとされていますが、一般的には次のものが考えられます。

①　賃借権の設定等を受けた者の氏名又は名称及び住所
②　賃借権の設定等を受けた農用地等の面積
③　農用地等における作物の種類別作付面積又は栽培面積及び生産数量
④　耕作又は養畜の事業が農用地等の周辺の農用地の農業上の利用に及ぼしている影響
⑤　地域の農業における他の農業者との役割分担の状況
⑥　法人である場合には、その法人の業務を執行する役員のうち、その法人の行う耕作又は

養畜の事業に常時従事する者の役職名及び氏名並びにその法人の行う耕作又は養畜の事業への従事状況　等

二、また、配分計画等により賃借権の設定等を受けた者が、①農用地等を適正に利用していないと認められるとき、②正当な理由がなくて前述の利用状況の報告をしないときは、農地中間管理機構は都道府県知事の承認を受けて、農用地等に係る賃貸借又は使用貸借の解除をすることができます（農地中間管理法第二一条第二項）。

〔中間18〕　農地中間管理事業の推進に当たって関係機関、団体はどのように対応することになりますか。

答　農地中間管理機構は、地方公共団体並びに株式会社日本政策金融公庫、沖縄振興開発金融公庫及び株式会社農林漁業成長産業化支援機構と密接な連携の下に、その創意工夫を発揮して農地中間管理事業を積極的に実施しなければならないとされています（農地中間管理法第二三条、第三条第二項第三号ハ）。

また、農業委員会ネットワーク機構、農協、農協連合会、土地改良区、都道府県土地改良事業団体連合会その他の農業に関する団体及び公庫等は、農地中間管理事業の実施に関し農地中間管理機構から必要な協力を求められた場合には、これに応ずるように努めることとされています（農地中間管理法第二四条）。

〔中間19〕　農地中間管理事業の推進に当たって地域の農業者との関係はどうなるのですか。

答　市町村は、市町村内の区域における農地中間管理事業の円滑な推進と地域との調和に配慮した農業の発展を図る観点から、当該市町村内の適切と認める区域ごとに、当該区域内における農業において中心的な役割を果たすことが見込まれる農業者、当該区域における農業の将来の在り方及びそれに向けた農地中間管理事業の利用等に関する事項について、定期的に、農業者その他の当該区域の関係者による協議の場を設け、その協議の結果を取りまとめ、公表するものとすること、及びこの協議に当たっては、新たに就農しようとする者を含め、幅広く農業者等の参加を求めるよう努めるものとされています（農地中間管理法第二六条第一項、第二項、規則第二二条）。

これの具体的な活動の一つが、「人・農地プラン」の作成になります（中間3参照）。

また、農業委員会はこの協議に際し、農地の保有・利用状況、所有者の意向などの情報の提供や協議の場への出席など必要な協力を行うものとされています（農地中間管理法第二六条第三項）。

〔中間20〕 農地中間管理機構について課税の特例はどのようになっているのですか。

答 農地中間管理機構の整備に伴い次のように課税の特例が設けられています。

一、貸付けによる場合

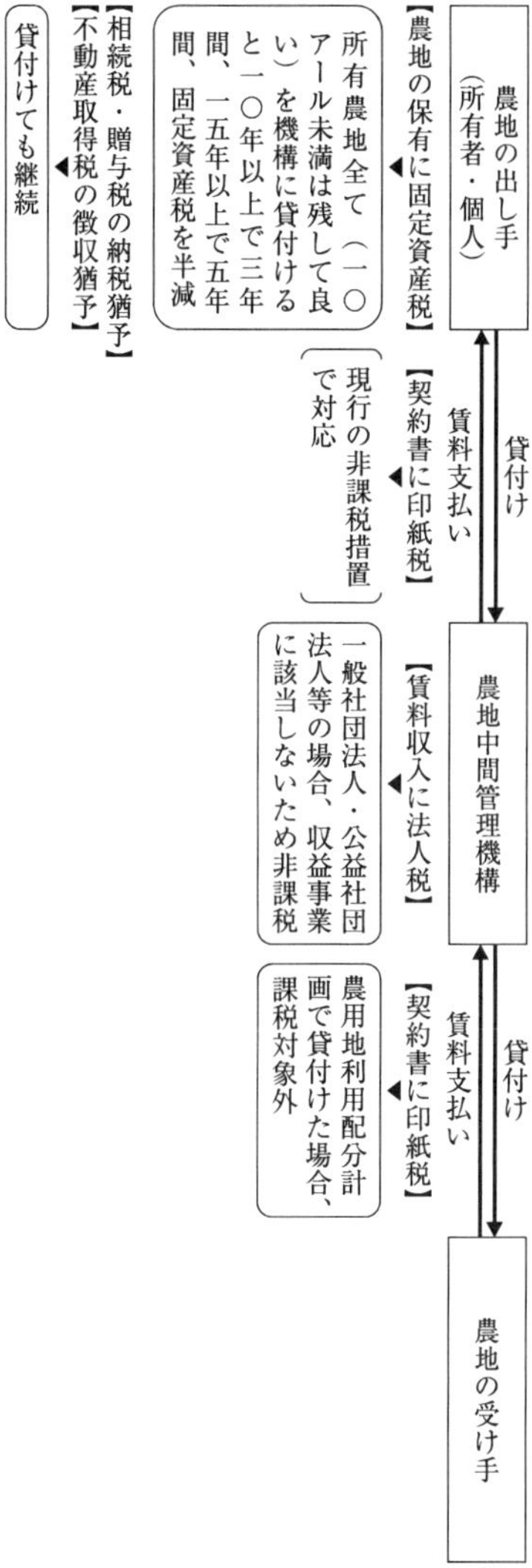

農地の出し手（所有者・個人）
貸付け
賃料支払い
農地中間管理機構
貸付け
賃料支払い
農地の受け手
【農地の保有に固定資産税】
所有農地全て（一〇アール未満は残して良い）を機構に貸付けると一〇年以上で三年間、一五年以上で五年間、固定資産税を半減
【相続税・贈与税の納税猶予】
【不動産取得税の徴収猶予】
貸付けても継続
【契約書に印紙税】
現行の非課税措置で対応
【賃料収入に法人税】
一般社団法人・公益社団法人等の場合、収益事業に該当しないため非課税
【契約書に印紙税】
農用地利用配分計画で貸付けた場合、課税対象外

二、売買による場合

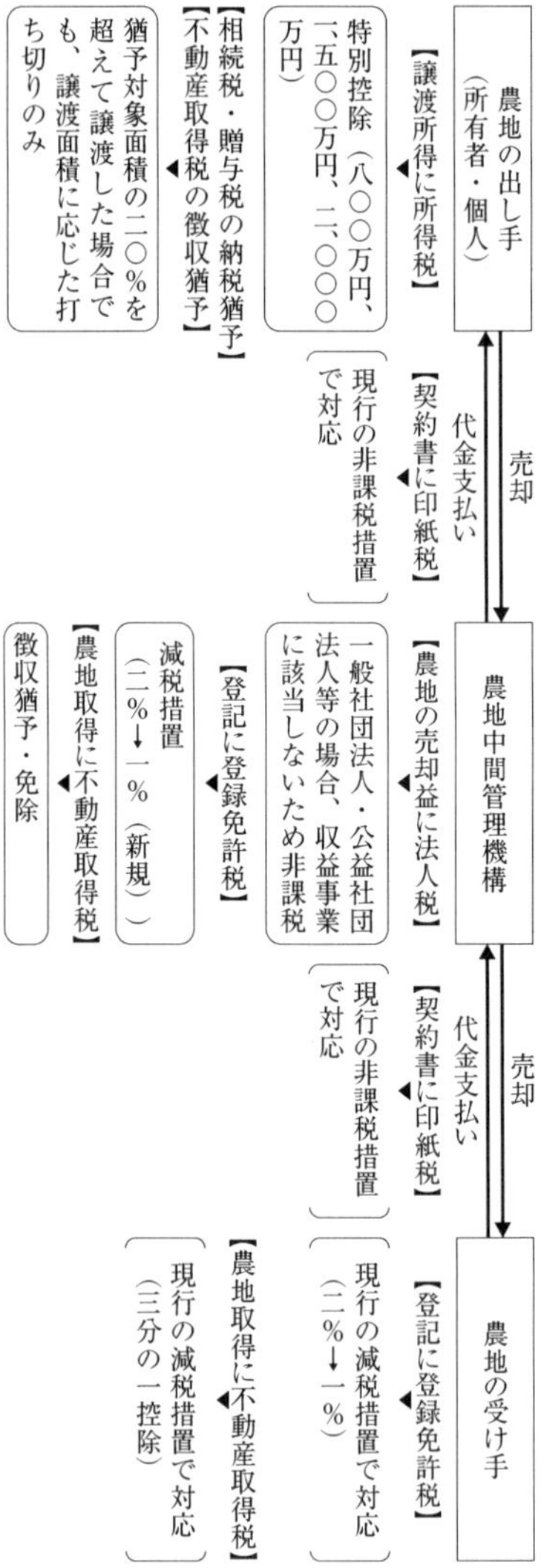
農地の出し手（所有者・個人）
【譲渡所得に所得税】
特別控除（八〇〇万円、一、五〇〇万円、二、〇〇〇万円）
【相続税・贈与税の納税猶予】
【不動産取得税の徴収猶予】
猶予対象面積の二〇％を超えて譲渡した場合でも、譲渡面積に応じた打ち切りのみ
売却
代金支払い
【契約書に印紙税】
現行の非課税措置で対応
農地中間管理機構
【農地の売却益に法人税】
一般社団法人・公益社団法人等の場合、収益事業に該当しないため非課税
【登記に登録免許税】
減税措置（二％→一％（新規））
【農地取得に不動産取得税】
徴収猶予・免除
売却
代金支払い
【契約書に印紙税】
現行の非課税措置で対応
農地の受け手
【登記に登録免許税】
現行の減税措置で対応（二％→一％）
【農地取得に不動産取得税】
現行の減税措置で対応（三分の一控除）

【生産緑地法関係】

〔生緑1〕「生産緑地」には、どのような土地が指定できますか。

答

一、生産緑地に指定できる土地とは、市街化区域内にある①現に農業（耕作又は養畜業）の用に供されている農地もしくは採草放牧地、②現に林業の用に供されている森林、③現に漁業の用に供されている池沼、④上記①②③の農地等に隣接し、これらと一体となって農林漁業用に供されている農業用道路・水路およびその他の土地、となっています。

二、④にある「その他の土地」には、生産緑地法第八条の行為制限の許可基準において許容される施設が立地する土地を含みます。

三、また、面積が一団で五〇〇平方メートル以上（農業用道路・水路を含みます。）であることとなっています。しかし、市町村が必要あると認めるときは、条例で一団の面積を三〇〇平方メートルまで下げることができます。

四、一団とは物理的に一体の地形的まとまりを言いますが、道路や水路（農業用道路・水路を除きます。）で農地等が分断されている場合でも、この道路や水路が幅員六メートル程度以下である場合には、「一団として取り扱う」ことができます（ただし、この道路・水路部分の面積は生産緑地に含まれません）。さらに、稠密《ちょうみつ》な市街地等においては、物理的な一体性を有していない場合であっても、一団の農地等として生産緑地地区を定めることが可能ですが、この場合、一団の農地等を構成する個々の農地等の面積については、一〇〇平方メートル程度が下限となっています。

五、生産緑地法の目的は「生産緑地地区に関する都市計画に関し必要な事項を定めることにより、農林漁業との調整を図りつつ、良好な都市環境の形成に資する」とされており、その指定は「公害又は災害の防止、農林漁業と調和した都市環境の保全等良好な生活環境の確保に相当の効用があり、かつ、公共施設等の敷地の用に供する土地として適しているものであること」とされています。

六、生産緑地の指定は市町村が行いますので、これらの面積要件や一団の農地等及び指定に必要な基準（指定基準等）は市町村で作成し、その指定基準等に沿って生産緑地の指定が行われます。

七、なお、生産緑地の指定を行おうとする農地等に利害関係人がいる場合には、その全員の同意を得なければなりません。利害関係人とは、所有権、対抗要件を備えた地上権若しくは賃借権又は登記した永小作権、先取特権、質権若しくは抵当権を有する者及びこれらの権利に関する仮登記若しくは差押えの登記又は農地等に関する買戻しの特約の登記の登記名義人などです。

〔生緑2〕 三大都市圏特定市以外でも生産緑地の指定はできますか。

答

一、生産緑地地区は、生産緑地法第三条において市街化区域内にある農地等に定めることができるとされており、特に三大都市圏特定市に限るものとはされていません。このため、生産緑地は全国の市街化区域を有する市町村において指定することができる制度です。

二、平成四年の生産緑地法改正時は、三大都市圏特定市の市街化区域内農地の保全が主な目的となっていましたが、現在は人口減少・少子高齢化等の社会情勢の変化や、都市農業振興基本計画において市街化区域内農地が都市に「あるべきもの」へと位置づけの転換が行われたことを踏まえ、全国で、市街化区域内農地を保全する必要性が高まっていることから、新たに生産緑地を指定していくことが望ましいと考えられます。

三、また、三大都市圏特定市以外の都市において、市街化区域内農地の固定資産税額が周辺住宅地と同水準まで増加傾向であることから、安定した農業経営を通じて、今後も身近な緑地である農地を保全していくためにも、生産緑地の指定について検討していくことが重要です。

〔生緑3〕「生産緑地」に指定された場合の効果や規制等はどのようになっていますか。

答　一、生産緑地に指定されると、固定資産税は現況課税になります。つまり、農地等（農地及び採草放牧地）にあっては農地等としての評価・課税となります。また、山林は山林として、池沼は池沼としての評価・課税となります。さらに、農地等に係わる相続税等納税猶予制度では、特定市街化区域（平成三年一月一日における特定市の市街化区域）は納税猶予制度の対象となりませんが、生産緑地に指定されている農地等にあっては納税猶予制度の対象となります。

二、つまり農地にあっては、固定資産税は農地課税となり、相続税及び贈与（生前一括贈与）税は特定市街化区域内であっても納税猶予制度の対象となります。さらに、生産緑地に指定されている農地等は「都市農地貸借円滑化法」に基づく貸借の対象となります。

三、一方で、生産緑地の指定を受けると、生産緑地法第八条（生産緑地地区内における行為の制限）により、①建築物その他の工作物の新築、改築又は増築、②宅地の造成、土石の採取その他の土地の形質の変更、③水面の埋立て又は干拓、について市町村長の許可がなければすることができません。原則として農林漁業用施設等に限り許可ができることになっていますので、それ以外の転用行為はできなくなる、ということです。

四、この「行為制限」に違反した場合、生産緑地法第九条（原状回復命令等）では「当該生産緑地の保全に対する障害を排除するため必要な限度において、その原状回復を命じる」とされており、行政代執行も伴う原状回復命令の対象となります。

五、なお、特定市以外の市街化区域ではこれまで相続税納税猶予制度に「申告期限から二〇年経過による免除（二〇年免除）」がありましたが、特定市以外の市街化区域でも生産緑地の指定を受けた場合にはこの二〇年免除の対象外となり「終生農地利用」が必要となります。これは、相続税納税猶予制度は終生農地利用が原則（現在二〇年免除が残っているのは特定市以外の市街化区域内農地だけです。）で、生産緑地の貸借が可能となったことで終生農地として活用し続けられる環境ができたからです。

〔生緑4〕　生産緑地で許可される農林漁業用施設等とは、どのような施設ですか。

答　生産緑地法第八条第二項に「次に掲げる施設の設置又は管理に係る行為で良好な生活環境の確保を図る上で支障がないと認めるものに限り、同項の許可をすることができる。」とあります。その内容は左記の通りです。

一、次に掲げる施設で、当該生産緑地において農林漁業を営むために必要となるもの

イ　農産物、林産物又は水産物（以下「農産物等」といいます。）の生産又は集荷の用に供

する施設

ロ　農林漁業の生産資材の貯蔵又は保管の用に供する施設

ハ　農産物等の処理又は貯蔵に必要な共同利用施設

ニ　農林漁業に従事する者の休憩施設

二、次に掲げる施設で、当該生産緑地の保全に著しい支障を及ぼすおそれがなく、かつ、当該生産緑地における農林漁業の安定的な継続に資するものとして国土交通省令で定める基準に適合するもの

イ　当該生産緑地地区及びその周辺の地域内において生産された農産物等を主たる原材料（五割以上）として使用する製造又は加工の用に供する施設

ロ　イの農産物等又はこれを主たる原材料として製造され、若しくは加工された物品の販売の用に供する施設

ハ　イの農産物等を主たる材料とする料理の提供の用に供する施設

三、一、二に掲げるもののほか、政令で定める施設（市民農園施設としての①農作業の講習の用に供する施設、②管理事務所その他の管理施設）

〔生緑5〕　生産緑地法第八条の行為制限が解除されるのはどのような場合ですか。

答　一、生産緑地の行為制限が解除されるのは、生産緑地法第一〇条（生産緑地の買取りの申出）に「告示の日から起算して三〇年を経過する日以後において、市町村長に対し、当該生産緑地を時価で買い取るべき旨を申し出ることができる」「農林漁業の主たる従事者が死亡し、又は農林漁業に従事することを不可能にさせる故障に至ったときは、市町村長に対し、当該生産緑地を時価で買い取るべき旨を申し出ることができる」とあり、また第一四条（生産緑地地区内における行為の制限の解除）に「第一〇条の規定による申出があった場合において、その申出の日から起算して三月以内に当該生産緑地の所有権の移転が行われなかったときは、当該生産緑地については、第七条から第九条までの規定は、適用しない」とあります。

二、つまり、生産緑地の行為制限は「買取りの申出」を行ってから三カ月以内に所有権の移転が行われなかった場合、三カ月が経過したときに解除されることになります。

三、「買取りの申出」は生産緑地の指定（告示日）から三〇年を経過した日以後に行えますが、指定後から三〇年経過までの間に生産緑地の主たる従事者が死亡や重大な（国土交通省令で定める）故障に該当することとなった場合にも買取りの申出ができることになります。

四、なお、生産緑地の買取り申出は、生産緑地の所有者だけが行うことができますので、例えば賃貸借の対象となっている農地では賃借人が主たる従事者ですが、賃借人の故障等があっても賃借人が買取り申出を行うことはできません。賃借人の故障を原因として所有者が買取り申出を行うことはできます。

五、しかし、賃借権などの権利が設定されている生産緑地で買取りを申し出る場合、「市町村等の買い取る旨の通知の発送を条件として当該権利を消滅させる」旨の権利者の書面（権利消滅に同意する書面）を添付しなければなりません。

〔生緑6〕　農林漁業に従事することを不可能にさせる故障とはどのような場合ですか。

答　「故障」の内容は、国土交通省令で次のとおり定められています。

一、次に掲げる障害により農林漁業に従事することができなくなる故障として市町村長が認定したもの

イ　両眼の失明
ロ　精神の著しい障害
ハ　神経系統の機能の著しい障害
ニ　胸腹部臓器の機能の著しい障害

ホ　上肢若しくは下肢の全部若しくは一部の喪失又はその機能の著しい障害
へ　両手の手指若しくは両足の足指の全部若しくは一部の喪失又はその機能の著しい障害
ト　イからへまでに掲げる障害に準ずる障害
二、一年以上の期間を要する入院その他の事由により農林漁業に従事することができなくなる故障として市町村長が認定したもの
なお、「二、その他の事由」には、
①　主たる従事者が養護老人ホームや特別養護老人ホームに入所する場合
②　著しい高齢となり運動能力が著しく低下した場合
なども含まれます。

〔生緑7〕　生産緑地の買取り申出にともなう「主たる従事者」とはどのような要件があれば認められますか。

答　一、専業的な従事者、兼業的な従事者にかかわらず、その者が従事できなくなったため、当該生産緑地における農林漁業経営が客観的に不可能となるような場合における当該者をいいます。従って、生産緑地の耕作者の一人に限定するものではありません。
二、また、生産緑地法施行規則第三条第一号により、買取り申出の日に農林漁業の主たる従事

者が六五歳未満の場合はその従事日数の八割以上、六五歳以上の場合はその従事日数の七割以上従事している者も、主たる従事者に含まれることとなっています。

三、この「主たる従事者」は、農地所有者や家族従事者だけに限られず、雇用されている者であっても主たる従事者とすることはできます。しかし、単なる労働力の補充としての雇用ではなく、前述の通り「その者がいなければ客観的に農林漁業の経営が不可能となる」ような、経営の主体となる従事であることが必要と解されます。

四、また、都市農地貸借円滑化法等の活用が促進されるよう、「特定農地貸付法第二条第二項に規定する特定農地貸付けの用に供されるもの又は都市農地の貸借の円滑化に関する法律第五条に規定する認定都市農地に該当するもの若しくは同法第一〇条に規定する特定都市農地貸付けの用に供されるもの（生産緑地で納税猶予制度の対象となる貸付け）」では、主たる従事者の従事日数の一割以上従事している者も主たる従事者に含まれることとなっています。

五、このような貸借を行っている場合の農地利用の主体は当然農地を借りて耕作をしている者または市民農園の開設者となりますので、その者の一割以上従事している場合には貸し手である農地所有者も「主たる従事者」として扱われることになります。また、市民農園その他の借りた側の従事日数が明確でない場合には、その地域の通常の農業従事日数から算定してもよいことになっています。

六、生産緑地の買取り申出の際に、その原因となった者の農業従事の状況が、これまでに示した要件に該当することについて、農業委員会の証明書の交付（主たる従事者証明）を受けることとなっています。

〔生緑8〕　主たる従事者の死亡や故障、若しくは指定から三〇年が経過しなければ買取りの申出はできないのですか。

答　一、生産緑地の買取りの申出ができない場合であっても、農業従事が困難などの特別な事情がある場合には市町村長に対して生産緑地法第一五条の「買取り希望の申出」ができることとされています。

二、この場合の「特別な事情」には、疾病等による営農意欲の喪失や農地の営農条件の悪化など広範な内容が含まれるものと考えられます。

三、この買取り希望の申出があった場合、市町村長は、「当該買取り希望の申出がやむを得ないものであると認めるときには、当該生産緑地を自ら買い取り、又は地方公共団体若しくは当該生産緑地において農林漁業に従事することを希望する者がこれを取得できるようあっせんに努める」こととされています。

四、しかし、これは「努力規定」であり、買い取られなかった場合でも行為制限は解除されませんから、引き続き生産緑地として保全しなければなりません。さらに、この買取り希望の申出を行った生産緑地は営農継続の意思がないものとして、特定市街化区域においてはすでに適用している相続税等納税猶予制度は期限の確定になり、新たな納税猶予制度適用もできなくなります。

〔生緑9〕 指定から三〇年が経過した生産緑地について税制の特例等はどうなりますか。

答 一、生産緑地には税制特例がある一方で行為制限という農地等の転用規制があります。つまり、転用規制と税制特例はセットで農地保全と課税の公平化が維持されています。

二、指定から三〇年が経過した農地は、いつでも買取りの申出ができる生産緑地となり、買取り申出をすれば三カ月経過後に転用及び転用目的の譲渡等が可能となります。

三、このように、三〇年が経過した生産緑地では転用等の規制が極めて緩くなるので、税制特例も継続できなくなってしまいます。そこで、平成二九年の生産緑地法改正によって、指定から三〇年が経過する生産緑地について二つの道が作られました。

四、その一つは、三〇年経過してもそのままにしていれば、「いつでも買取り申出ができる生産緑地」となる反面、固定資産税は「宅地並み課税（五年間の激変緩和措置があります。）」となります。また、特定市街化区域の相続税等納税猶予制度については、適用中のものはそのままでも継続しますが、買取りの申出（三〇年経過後の生産緑地でも、行為制限の解除には「買取りの申出」が必要です。）を行うと期限の確定になります。さらに、次の相続発生で新たな納税猶予制度適用はできません。

五、もう一つの選択肢は「特定生産緑地」の指定です。生産緑地指定の告示から三〇年経過する日（「申出基準日」といいます。）から特定生産緑地の指定が継続された場合には、これまでの税制特例を継続することになります。この特定生産緑地の指定期間は一〇年となっており、申出基準日から一〇年経過する日（「指定期限日」といいます。）に特定生産緑地の延長を行うことができます。さらにこの指定基準日から一〇年を経過する日（同様に「指定基準日」といいます。）に次の特定生産緑地の延長を行う、というように、一〇年ごとに継続し続けられる制度です。

六、この特定生産緑地の指定は、申出基準日となる生産緑地の全部でも一部でも指定することができます。また、特定生産緑地では一〇年ごとに「延長する」か「延長しないか」の判断ができますが、延長についても指定している特定生産緑地の全部でも一部でも可能です。

七、特定生産緑地は現在の生産緑地に代わってできた制度ではありません。現在の生産緑地を一階部分とするならば、三〇年経過して「いつでも買取りの申出ができるようになった一階部分」の生産緑地はそのまま継続し、その上に「二階部分として規制の伴う特定生産緑地を乗せる」という制度で、これにより税制特例も継続できることとなります。

八、したがって、特定生産緑地の一〇年の期限が経過して延長を行わない場合でも、一階部分の生産緑地の指定は継続しますので、行為制限の解除には買取りの申出が必要です。
九、特定生産緑地の指定で注意しなければならないのは「生産緑地の申出基準日からの特定生産緑地の指定」及び「特定生産緑地の指定基準日からの特定生産緑地の継続」は「間断なく行われなければならない」ことです。申出基準日・指定基準日を過ぎて「いつでも買取り申出ができる生産緑地の期間」となった場合は、改めて特定生産緑地の指定を希望しても指定はできません。特定生産緑地の指定・延長手続きは申出基準日・指定基準日のかなり前に行われます。場合によっては一年以上前に行われる地域もありますので、期限を守った手続きが必要です。

〔生緑10〕　特定生産緑地に指定した場合の規制や税制特例はどのようになりますか。

答　一、これまでの生産緑地（三〇年が経過する前の生産緑地）と同様です。固定資産税は現況の評価・課税となりますので、農地については農地評価・農地課税です。また、特定市街化区域内に存する農地であっても生産緑地は相続税等納税猶予制度の適用が受けられます。
二、特定生産緑地になっている間に相続が発生して相続税納税猶予制度の適用を受けた場合、その後の指定基準日において特定生産緑地の延長を行わなくても、納税猶予制度適用農地は期限の確定とはなりません。しかし、特定生産緑地の延長を行わなかった場合でも農地の転用や転用目的の譲渡の前には「買取りの申出」を行わなければなりませんが、この「買取りの申出」が期限の確定事由となり、納税猶予の期限が確定します。

〔生緑11〕旧法（平成三年改正法以前）で指定された第一種生産緑地はどのようになりますか。

答　一、旧生産緑地地区については生産緑地法の一部を改正する法律（平成三年法律第三九号）附則第四条に基づき、改正された生産緑地法に基づく生産緑地地区とみなされ、以下のような取扱いとなります。

①　生産緑地地区内の行為の制限については、改正された生産緑地法の規定による。すなわち、「農林漁業に従事する者の休憩施設」及び「その他政令で定める施設」の設置等に係る行為についても許可対象行為となる

②　買取りの申出ができない期間については、旧生産緑地法と同じ取扱いとなる。すなわち、旧生産緑地法に基づく第一種生産緑地地区については一〇年となる

二、また、旧生産緑地地区内の生産緑地は、すでに特定生産緑地で言うところの「申出基準日」を経過していることから、特定生産緑地の指定は行えません。

三、したがって、第一種生産緑地はそのままで現行の生産緑地や特定生産緑地と同様に課税特例や貸借の対象となります。

【都市農地の貸借の円滑化に関する法律関係】

〔都市1〕「都市農地貸借円滑化法」とは、どのような法律ですか。

答

一、都市農業は、都市住民に地元産の新鮮な野菜などを供給するだけでなく、防災空間や緑地空間の提供など多様な機能をもっており、都市農地を有効活用することが重要です。

他方、都市農業においても農業従事者の減少・高齢化が進展する中、これらの機能を発揮させていくためには、意欲ある都市農業者等の貸借によるその有効活用を図ることが重要となっていました。

そこで、都市農地の貸借の円滑化に関する法律（都市農地貸借円滑化法）が制定され、市街化区域内の農地のうち、生産緑地を対象に貸借が安心して行える新たな仕組みが平成三〇年九月に施行されました。

二、これまでの農地の貸借は、市街化区域以外にあっては基盤法や農地中間管理法に基づく利用権等の設定により農地の貸借が円滑に行える仕組みがありましたが、市街化区域内の農地については次のような課題があり、農地の貸付けが進まない状況にありました。

① 農地等の賃貸借について、当事者が期間満了の一年前から六月前までの間に相手方に対して、更新しない旨の通知をしないときは、期間の満了時に従前の賃貸借と同一の条件で

更に賃貸借したものとみなす（法定更新制度）とともに、更新しない旨の通知をする場合には、都道府県知事の許可が必要となり、この許可も「賃借人の信義則違反等限られた場合でなければ、許可をしてはならない」とされている。

② 市街化区域内においては、営農困難時の貸付けを除き、相続税納税猶予を受けている農地を貸借すると納税猶予の期限が確定する。

三、そこで、「都市農地の貸借の円滑化のための措置を講ずることにより、都市農地の有効な活用を図り、もって都市農業の健全な発展に寄与するとともに、都市農業の有する機能の発揮を通じて都市住民の生活の向上に資すること」を目的として、都市農地貸借円滑化法が制定されました。

四、この都市農地貸借円滑化法においては、生産緑地地区内の農地を対象として、次の二つの貸借の円滑化の措置を講じています。

① 「自ら耕作する場合の貸借の円滑化」といわれる農業経営を行う者に対する貸付けで、この場合、区市町村長の認定を受けた事業計画に従って行われる都市農地の貸借については、法定更新制度の適用除外などの措置が講じられている。

② 「市民農園を開設する場合の貸借の円滑化」といわれる農地を持たない法人等が市民農園を開設する場合に行う貸付け（特定都市農地貸付け）で、特定農地貸付法第二条第二項第五号ロにおける「市民農園を開設しようとする者が地方公共団体又は農地中間管理機構

から借り受ける農地」（市民1の五、②及び八参照）について、一定の手続きをもって、農地を持たない者（地方公共団体及び農協以外の者）が、直接農地所有者と貸借が可能。

五、なお、本法により農地の貸借を行った場合であっても相続税納税猶予が継続します。

〔都市2〕「都市農地貸借円滑化法」の対象となるのはどのような農地等ですか。

答

一、都市農地貸借円滑化法の第二条第一項に「この法律において「農地」とは、耕作の目的に供される土地をいう。」、第二条第二項に「この法律において「都市農地」とは、生産緑地法第三条第一項の規定により定められた生産緑地地区の区域内の農地をいう。」と規定されており、生産緑地地区内の農地等が対象となります。

二、この場合の生産緑地とは、特定市に存するものであるかは問わず、生産緑地の指定を受けている農地であれば、本法に基づく貸借を行うことができます。

三、また、旧生産緑地法（平成三年改正法以前）の第一種生産緑地についても対象となります。

四、なお、指定から三〇年が経過した生産緑地で特定生産緑地の指定を受けていない「いつでも買取りの申出ができる生産緑地」であっても、本法に基づく貸借はできますが、その場合、相続税納税猶予制度の対象とはなりません。

〔都市3〕借りた都市農地で耕作の事業を行う場合の借り手となる農業者が行う手続きはどのようなものですか。

答

一、借り手となる「農業経営を営む者」は、次のような手続きを行うことになります。

① 都市農地を自らの耕作の事業の用に供するため、所有者から賃貸借又は使用貸借による権利（以下「賃借権等」といいます。）の設定を受けようとする者は、この都市農地における耕作の事業に関する計画（事業計画）を作成の上、市区町村長に提出する。

② 市区町村長は、事業計画が要件を満たす場合には、農業委員会の決定を経て、認定をするものとする。

二、この認定を受けた事業計画に従って賃借権等が設定される場合には、農地法第三条第一項の許可を受ける必要がなく、また、この賃貸借については、法定更新を適用しない（貸借の円滑化のための措置）こととなります。

三、認定を受けるための基準は次の通りです。

表１　事業計画の認定の要件

（申請者の属性に応じ、○が付いた要件全てに該当する必要がある。）

	事業計画の認定の要件	農協・地方公共団体	農業者	企業等	
①	都市農業の有する機能の発揮に特に資する基準に適合する方法により都市農地において耕作の事業を行う ㊕☞生産物の一定割合を地元直売所等で販売 ☞都市住民が農作業体験を通じて農作業に親しむ取組 ☞防災協力農地として協定を締結　など →具体的な基準は表２のとおり	○	○	○	本法独自の要件
②	周辺地域における農地の農業上の効率的かつ総合的な利用の確保に支障を生ずるおそれがないか		○	○	農地法と同等の要件
③	耕作の事業の用に供すべき農地の全てを効率的に利用するか		○	○	
④	申請者が事業計画どおりに耕作していない場合の解除条件が書面による契約で付されているか			○	
⑤	地域の他の農業者との適切な役割分担の下に継続的かつ安定的に農業経営を行うか			○	
⑥	法人の場合は、業務執行役員等のうち一人以上が耕作の事業に常時従事するか			○	

表２　事業計画の認定要件のうち都市農業の有する機能の発揮に特に資する耕作の事業の内容に関する基準

	基　準 （次の１、２のいずれにも該当すること）	備　考
１	次のイからハまでのいずれかに該当すること。	基準の運用に当たっては、農業者の意欲や自主性を尊重し、地域の実情に応じた多様な取組を行うことができるように配慮が必要。
	イ　申請者が、申請都市農地※において生産された農産物又は当該農産物を原材料として製造され、若しくは加工された物品を主として当該申請都市農地が所在する市町村の区域内若しくはこれに隣接する市町村の区域内又は都市計画区域内において販売すると認められること。	「主として」とは、金額ベース又は数量ベースで概ね５割以上を想定。
	ロ　申請者が、申請都市農地において次に掲げるいずれかの取組を実施すると認められること。 ①　都市住民に農作業を体験させる取組並びに申請者と都市住民及び都市住民相互の交流を図るための取組 ②　都市農業の振興に関し必要な調査研究又は農業者の育成及び確保に関する取組	①は、いわゆる農業体験農園、学童農園、福祉農園及び観光農園等の取組を想定。 ②は、都市農地を試験ほや研修の場に用いること等を想定。
	ハ　申請者が、申請都市農地において生産された農産物又は当該農産物を原材料として製造され、若しくは加工された物品を販売すると認められ、かつ、次に掲げる要件のいずれかに該当すること。 ①　申請都市農地を災害発生時に一時的な避難場所として提供すること、申請都市農地において生産された農産物を災害発生時に優先的に提供することその他の防災協力に関するものと認められる事項を内容とする協定を地方公共団体その他の者と締結すること。 ②　申請都市農地において、耕土の流出の防止を図ること、化学的に合成された農薬の使用を減少させる栽培方法を選択することその他の国土及び環境の保全に資する取組を実施すると認められること。 ③　申請都市農地において、その地域の特性に応じた作物を導入すること、先進的な栽培方法を選択することその他の都市農業の振興を図るのにふさわしい農産物の生産を行うと認められること。	①は、農地所有者が防災協力農地として協定を結んでおり、その農地で借り手も同様の協定を締結することを想定。 ②は、耕土の流出や農薬の飛散防止等を行う取組（防風・防薬ネットの設置等）、無農薬・減農薬栽培の取組、水田での待避溝の掘り下げによる水生生物保護のための取組等を想定。 ③は、自治体や農協等が奨励する作物や伝統的な特産物等を導入する取組、高収益・高品質の栽培技術を取り入れる取組、少量多品種の栽培の取組等のほか、従来栽培されていない新たな品種や作物の導入等のその地域の農業が脚光を浴びる契機となり得る取組を想定。 （都市農業のＰＲに資するような幅広い取組を認めることが可能）
２	申請者が、申請都市農地の周辺の生活環境と調和のとれた当該申請都市農地の利用を確保すると認められること。	農産物残さや農業資材を放置しないこと、適切に除草すること等を想定。

※「申請都市農地」とは、事業計画の認定の申請に係る都市農地をいう。

〔都市4〕　都市農地貸借円滑化法により第三者が市民農園を開設する場合の考え方はどのようになっていますか。

答　一、都市農地貸借円滑化法の貸付けには、市民農園を対象とした「特定都市農地貸付け」があります（市民14～市民16参照）。これは市民農園を開設する場合の貸借の円滑化が目的となっています。

二、これまでの特定農地貸付けにおいては、農地を所有していない者（NPO法人や企業等）が農地を借りて市民農園を開設する場合には、農地所有者から直接農地を借りることができず、地方公共団体又は農地中間管理機構を介して農地を借りる必要がありましたが、一定の要件の下で農地を所有していない者が都市農地で市民農園を開設する場合は、直接、農地所有者から都市農地を借りることができるようになりました。それが「特定都市農地貸付け」です。

三、特定都市農地貸付けに当たっては、従来の要件（市民3～市民4参照）に加え、貸付協定内容に、「実施主体が都市農地を適切に利用していないと認められる場合に市町村が協定を廃止する旨」、「承認を取り消した場合又は協定を廃止した場合に市町村が講ずべき措置」を記載する必要があります。

四、なお、都市農地貸借円滑化法の特定都市農地貸付けは第三者が農地を借りて市民農園を開設する場合を対象としていますので、農地所有者や地方公共団体及び農協が市民農園を開設する場合については従来通り特定農地貸付法によって市民農園を開設することになります。

〔都市5〕　相続税納税猶予制度の適用を受け、都市農地貸借円滑化法等に基づく貸付けを行っている農地において、農地所有者の死亡により相続が発生した際の考え方はどうなりますか。

答

一、都市農地貸借円滑化法等による貸借は、安定的な都市農地の継続のために相続税納税猶予制度の対象とされています。

二、市街化区域内農地で相続税等納税猶予制度の対象となる農地の貸付けは、生産緑地地区内の農地を対象とした次の貸付けです。

①　認定都市農地貸付け（都市農地貸借円滑化法による自ら耕作する場合の貸借の円滑化のための貸付け）

②　農園用地貸付け（都市農地貸借円滑化法に基づく特定都市農地貸付け、及び、特定農地貸付法に基づく地方公共団体、農協及び農地所有者自らが行う特定農地貸付け）

三、相続税納税猶予制度の適用に必要なその他の要件を満たしている場合、この都市農地貸借円滑化法等による貸付け（前記二、①②）を行っている農地等については相続税の納税猶予制度の対象となります。相続が発生したときの農地の状況から見た貸借と相続税納税猶予との関係は次のとおりです。

① すでに相続税納税猶予を適用している生産緑地を貸し付けた場合には期限の確定になりません

② すでに生産緑地の貸借によって相続税納税猶予の適用を継続している農地所有者が死亡した場合、相続人はその貸付けを継続することで納税猶予の適用対象となります

③ 相続の発生により取得した農地等で農業を開始できない場合、その相続人が申告期限内にこの貸付けを行った場合には納税猶予制度の適用対象となります

〔都市6〕　都市農地貸借円滑化法等による貸借（認定都市農地貸付け及び農園用地貸付け）を行っている農地所有者が死亡した場合、生産緑地の指定から三〇年経過前若しくは特定生産緑地の指定・延長から一〇年経過前であっても買取り申出はできますか。

答

一、都市農地貸借円滑化法等による貸借を行っている農地所有者が死亡した場合には、買取りの申出をすることは可能です。

二、しかし、買取りの申出を行うには、主たる従事者に該当する必要があり、都市農地を貸し付けている場合には、その農地で一割以上農業従事している必要があります。

三、この場合の農業従事の内容については、都市計画運用指針において、「これらの貸付けが行われた場合であっても、周辺の生活環境と調和を取りつつ農地の利用を図る観点から、貸主が農林漁業に一定の役割を果たすことも想定される」とあり、例えば、生産緑地縁辺部の見回り、除草、点検や周辺住民からの相談対応等が考えられます。

四、また、この「一割従事」の証明を受ける場合には、あらかじめ貸借の申請段階で届出を行っておかなければなりません。この届出を行っていない場合には、たとえ一割を超える農作業従事を行っていても、買取りの申出に必要な農業委員会の主たる従事者証明は発行されません。

五、なお、貸借が行われている農地では農地所有者に相続が発生した場合でも貸借の終了となりません。

〔都市7〕　都市農地貸借円滑化法に基づいて農地を借りていた者が死亡した場合の取扱いはどのようになりますか。

答　一、借主が死亡した時の取扱いについては、「賃貸借契約」と「使用貸借契約」で異なります。

二、「賃貸借契約」の場合は、賃借人の死亡により相続人が賃借権を相続し、賃貸借関係が継続します。そのため、相続人が農業経営を引き継ぐ場合は、これまでと同様、賃貸借関係を続けることになります。相続人が農業経営をしないため貸借関係を終了する場合は、都道府県知事の許可を受けて、賃貸借契約を解約することになりますが、賃借人の信義違反等がなければこの許可はされません（農地法第一八条）。

ただし、相続人と合意解約（農地を引き渡す期限前六カ月以内の合意で書面で明らかな場合）する場合は、この許可を受ける必要はなく、そのまま貸借関係を終了することができます（農地法第一八条第一項第二号）。

また、契約時の「耕作の事業を行っていない場合は貸借を解除する。」という条件に該当する場合は、市町村長に届け出て、賃貸借契約を解除することも考えられます（都市農地貸借円滑化法第八条第三項）。

三、「使用貸借契約」の場合は、借主の死亡によってその効力を失うこととされていますので、借主の死亡により貸借関係が終了し、農地が返還されることとなります。

【市民農園関係】

○ 特定農地貸付法関係

〔市民1〕 特定農地貸付法はどのような考え方から制定されたのですか。

答 一、近年、国民の余暇の増大や価値観の多様化に伴い、農業者以外の人々の中に野菜や花等を栽培し、自然に触れ合いたいという要請が高まっています。このような要請にこたえていくことは、国民の農業・農村に対する理解を深めるとともに、地域の活性化と遊休農地の利用増進を図る上で、極めて有意義なものと考えられます。

二、農地法においては、農地が効率的な利用を行う農業経営体によって利用されるよう、基本的に全ての農地の権利移動を許可に係らしめており、一定規模以上の農地を耕作し、農作業に常時従事して、その効果的利用を行う者でなければ、原則として農地の権利取得が認められません。このため、法制定前は小規模の農地を使い余暇等を利用して農作物を栽培しようとする者について、開設者自ら農業経営を行い、入園者が農作業の一部を行うというういわゆる「入園契約方式」によって対応されていました。

三、しかしながら、この方式はあくまで入園者は農作業を行うだけであるという農地制度上の限界があり、より安定した形態での農地の利用を認めることを求める声が高まってきました。

四、このような要請にこたえるため、平成元年に特定農地貸付法が制定され、公的な性格を有する法人である地方公共団体又は農業協同組合が小面積の農地を短期間で定型的な条件の下に貸し付ける場合について、農地法の権利移動制限の適用除外その他の措置を講ずることとされたものです。

五、平成一四年には構造改革特別区域法により、特区内の次の農地について行うものは特定農地貸付けとみなして特定農地貸付法及び市民農園整備促進法の規定が適用されるようになりました。

① 市民農園を開設しようとする者が現に所有している農地（開設しようとする者が当該農地の適切な利用を確保する方法等について、地方公共団体と協定を締結しているものに限る）。

② 市民農園を開設しようとする者が地方公共団体又は農地保有合理化法人から借り受ける農地（開設しようとする者が当該農地の適切な利用を確保する方法等について、地方公共団体及び農地保有合理化法人（合理化法人が貸付主体の場合）と協定を締結しているものに限ります）。

六、平成一七年には五の構造改革特区における特例措置の内容を全国で実施するため、特定農地貸付法が次のように改正され、地方公共団体及び農業協同組合以外の者についても、構造改革特区を設定することなく、市民農園の開設ができることとされました。

①「地方公共団体又は農業協同組合」のみを特定農地貸付けの実施主体とする限定を廃止

②「地方公共団体及び農業協同組合」以外の者が特定農地貸付けを行う場合には、適正な農

地利用を確保する方法等を定めた「貸付協定」を市町村等との間で締結することを義務づけ

七、平成二一年には、市民農園を開設しようとする者が借り受ける相手方として地方公共団体、農地保有合理化法人に加え、農地利用集積円滑化団体も対象とされました（令和元年の改正で農地利用集積円滑化団体の規定は廃止されました）。

八、平成二五年には、農地中間管理機構が制度化されたことに伴い、農地保有合理化法人が廃止され、これに代わって農地中間管理機構が借受ける相手方とされました。

〔市民2〕 特定農地貸付けとはどのようなものをいうのですか。またその仕組みはどうなっているのですか。

答

一、「特定農地貸付け」とは、地方公共団体（市町村など）、農業協同組合が行う農地（農業協同組合の場合は、組合員の所有に係る農地に限ります。）の貸付け又はこれら以外の者（適正な農地利用を確保する方法等を定めた貸付協定を市町村等との間で締結）の農地の貸付けで、次の要件をみたすものをいいます。

(1) 一区画が一〇アール（一、〇〇〇㎡）未満の農地の貸付けであること
(2) 五年以内の農地の貸付けであること
(3) 借りる人が営利目的で農作物の栽培を行わないこと

(4) 相当数の者を対象に一定の条件で貸し付けを行うものであること

二、「特定農地貸付け」のしくみは、地方公共団体、農業協同組合又はこれら以外の者（適正な農地利用を確保する方法等を定めた貸付協定を市町村等との間で締結）が

① 特定農地貸付けを行おうとする農地の位置、面積、貸付条件、募集方法などを定める貸付規程をつくり、

② 申請書に貸付規程（地方公共団体等以外の者の場合、貸付規程と貸付協定）を添えて農地の所在地を管轄する農業委員会に提出し、

③ 農業委員会の承認を受けて、貸付規程により貸付けを行うということになります（次図参照）。

（地方公共団体・農業協同組合の場合）

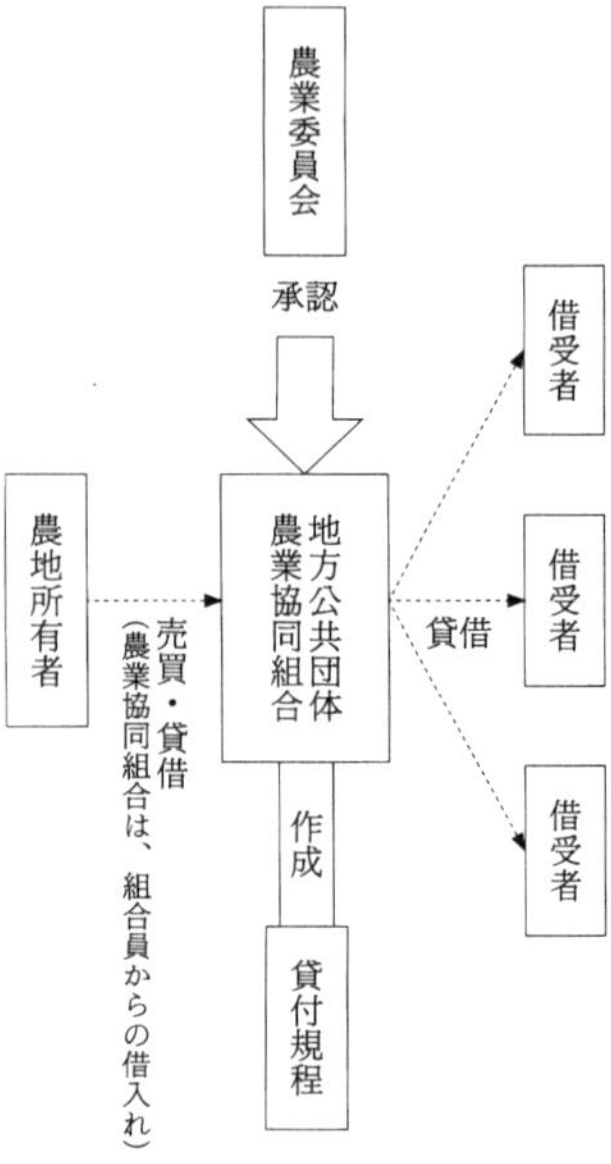

（地方公共団体・農業協同組合以外の場合）

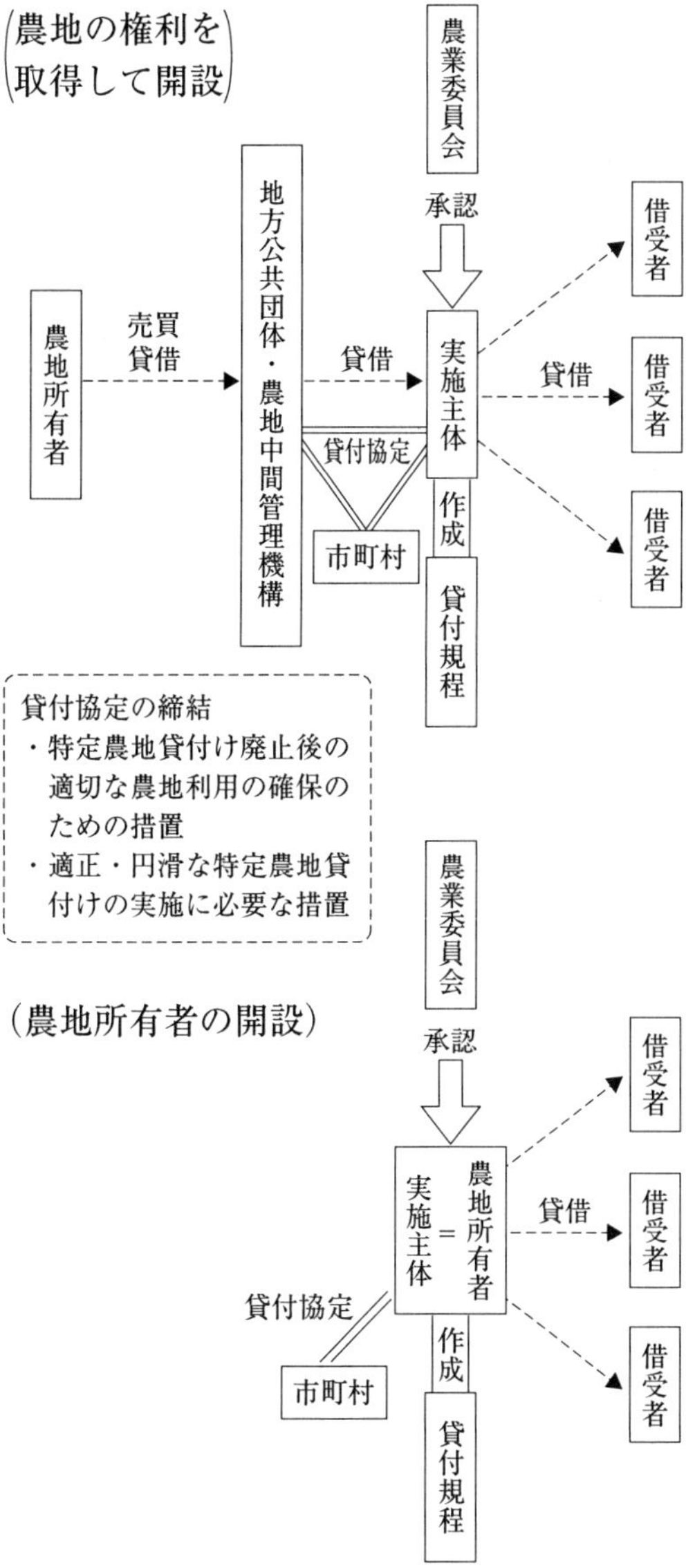

〔市民3〕　特定農地貸付けはどのような場合に認められるのですか。

答　特定農地貸付けについて、地方公共団体、農業協同組合又はこれら以外で市町村等との間で貸付協定を締結している者から承認の申請があった場合、農業委員会は、次の要件に該当すると認められるとき承認することになります（特定農地貸付法第三条第三項）。

① 特定農地貸付けの用に供する農地が周辺の地域における農用地の農業上の効率的かつ総合的な利用を確保する見地からみて、適切な位置にあり、かつ、妥当な規模を超えないものであること
② 特定農地貸付けを受ける者の募集及び選考の方法が公平かつ適正なものであること
③ 貸付期間その他の条件、適切な利用を確保するための方法等が特定農地貸付けの適正かつ円滑な実施を確保するために有効かつ適切なものであること
④ 特定農地貸付けの用に供される農地が所有権以外の権原に基づいて耕作の事業に供されているものでないこと（同法政令第三条）

〔市民4〕 特定農地貸付法と農地法とはどのような関係になるのですか。

答　一、農地法では、耕作の目的に供される土地を農地とし、その農業上の利用の程度にかかわらず全てを対象としており、特定農地貸付法による特定農地貸付けの対象となる土地も耕作の目的に供される土地、すなわち農地であるので農地法の対象となります。

二、このように特定農地貸付けも農地の貸付けですが、その貸付けの内容が営利を目的としない農作物の栽培のための小面積、短期間のものであることから、農地法では、このような貸付けは認められません。このため、特定農地貸付法で地方公共団体、農業協同組合又はこれ

ら以外で市町村等との間で貸付協定を締結している者が小面積を短期間で定型的な条件の下に貸付ける場合には、農地法の特例としてこのような貸付けができることとされたものです。

三、なお、特定農地貸付けについては、農地法の適用を除外しても支障が生じないよう、

① 特定農地貸付けを行う主体を地方公共団体、農業協同組合とこれら以外で市町村等との間で貸付協定を締結している者に限定し、

② 特定農地貸付けを行うに当たっては、その具体的な方法について貸付規程を定めて農業委員会の承認を受け、これに従って実施することとされています。

〔参考〕 農業委員会による特定農地貸付けの承認があったときには、次のような農地法等の特例があります。

① 特定農地貸付けによって、地方公共団体等が一般の借受者に農地を貸付ける場合及び特定農地貸付けの用に供するため地方公共団体等が農地の所有者から所有権又は使用収益権（農業協同組合にあっては、使用収益権のみ、地方公共団体等から借りて開設する場合は使用賃借による権利又は賃借権に限ります。）を取得する場合には農地法第三条第一項の許可が不要になります（法第四条）。

② 特定農地貸付けの用に供されている農地等について、農地法の賃借権の保護、借賃、和解の仲介についての規定も適用されません。

③ 農業協同組合の事業能力の特例及び土地改良事業の参加資格の特例があります。

○ 市民農園整備促進法関係

〔市民5〕 市民農園とはどのようなものですか。

答

一、一般に「市民農園」といわれているのは、サラリーマン等都市の住民がレクリエーション、自家消費用野菜・花の生産、高齢者の生きがいづくり、生徒・児童の情操教育等の多様な目的で、小面積の農地を利用して野菜や花を育てるための農園のことです。

このような農園は、外国には古くからあり、ドイツでは「クラインガルテン」(小さな庭)といわれています。

わが国では、市民農園と呼ばれているほかレジャー農園、ふれあい農園などいろいろな名称で呼ばれています。

二、市民農園整備促進法では、『市民農園』を「主として都市の住民の利用に供される農地」及び「これらの農地に附帯して設置される施設」の総体として定義しています。

〔市民6〕 市民農園整備促進法はどのような考え方から制定されたのですか。

答

一、市民農園は、その数及び面積が大幅に増加してきており、また農業政策の観点からは、
① 農地を農地のままで都市の住民等のニーズに応えた利用を行うことができるので農地の有効利用に資すること
② 農業者以外の人々に対し自然の恵みを利用した農業についての理解を深めてもらえる契機となること
③ 農村地域においては都市と農村との交流による地域の活性化に資すること
等の意義を有しています。
二、また都市政策上の観点からは、
① 都市住民のレクリエーション需要を充足するものであること
② 市民農園の存在そのものが公害や災害の防止、景観向上等の機能を有し、良好な都市環境の形成に資すること
等公園緑地と同様に評価できます。
三、このように、市民農園は、農業政策上及び都市政策上重要な意義を有しているので、農地

のほか、農機具収納施設、休憩施設等も含めた優良な市民農園の整備を促進するため、平成二年に制定された市民農園整備促進法では、市民農園の認定制度を設け、認定を受けた市民農園について農地法や都市計画法の特例措置を講じています。

〔市民7〕 市民農園整備促進法と特定農地貸付法とはどのような関係になるのですか。

答

一、特定農地貸付法は、都市住民等の農業以外の人々の農作業に対する関心の高まり等に対応して、「小面積の農地の短期間、定型的条件による貸付け」すなわち「特定農地貸付け」を農地法の特例として認める途をひらいたものです。

二、一方、市民農園整備促進法は、この特定農地貸付けの用に供される農地のほか、これらの農地に附帯する農機具収納施設、休憩施設等の市民農園施設を一体として捉え、これらの総体としての「市民農園」を対象として、その整備の促進を図るために、基本方針の策定、市民農園区域の指定、交換分合、市民農園の開設の認定等の制度が設けられたものです。

三、もう少しわかりやすくいいますと、特定農地貸付法が単に農地法の農地の権利移動制限の緩和等の特例措置を設けるにとどまったのに対し、市民農園整備促進法では、より積極的に市民農園施設をも含めた市民農園の整備の促進を図るものです。

なお、特定農地貸付けに係る農地法等の特例については、市民農園整備促進法による場合でも受けられることとされています。

○ 市民農園整備促進法関係

市民農園開設数の推移

	5年度末	10年度末	15年度末	20年度末	25年度末	30年度末	令和元年度末
地方公共団体	807	1,607	2,258	2,276	2,356	2,197	2,153
農業協同組合	217	423	481	482	515	474	478
農業者	15	89	151	512	946	1,162	1,188
企業、NPO等	—	—	14	112	296	314	350
計	1,039	2,119	2,904	3,382	4,113	4,147	4,169
市民農園整備促進法	76	234	360	444	502	491	493
特定農地貸付法	963	1,885	2,544	2,938	3,611	3,642	3,621
都市農地貸借法	—	—	—	—	—	14	55
区画数	56,727	112,554	152,481	165,479	186,782	182,567	185,353
面積（ha）	291	627	956	1,164	1,377	1,300	1,296

資料：農林水産省都市農村交流課調べ

〔市民8〕　市民農園整備促進法の仕組みはどうなっているのですか。

答　市民農園整備促進法の基本的な仕組みをフローチャートで示すと次のようになります。

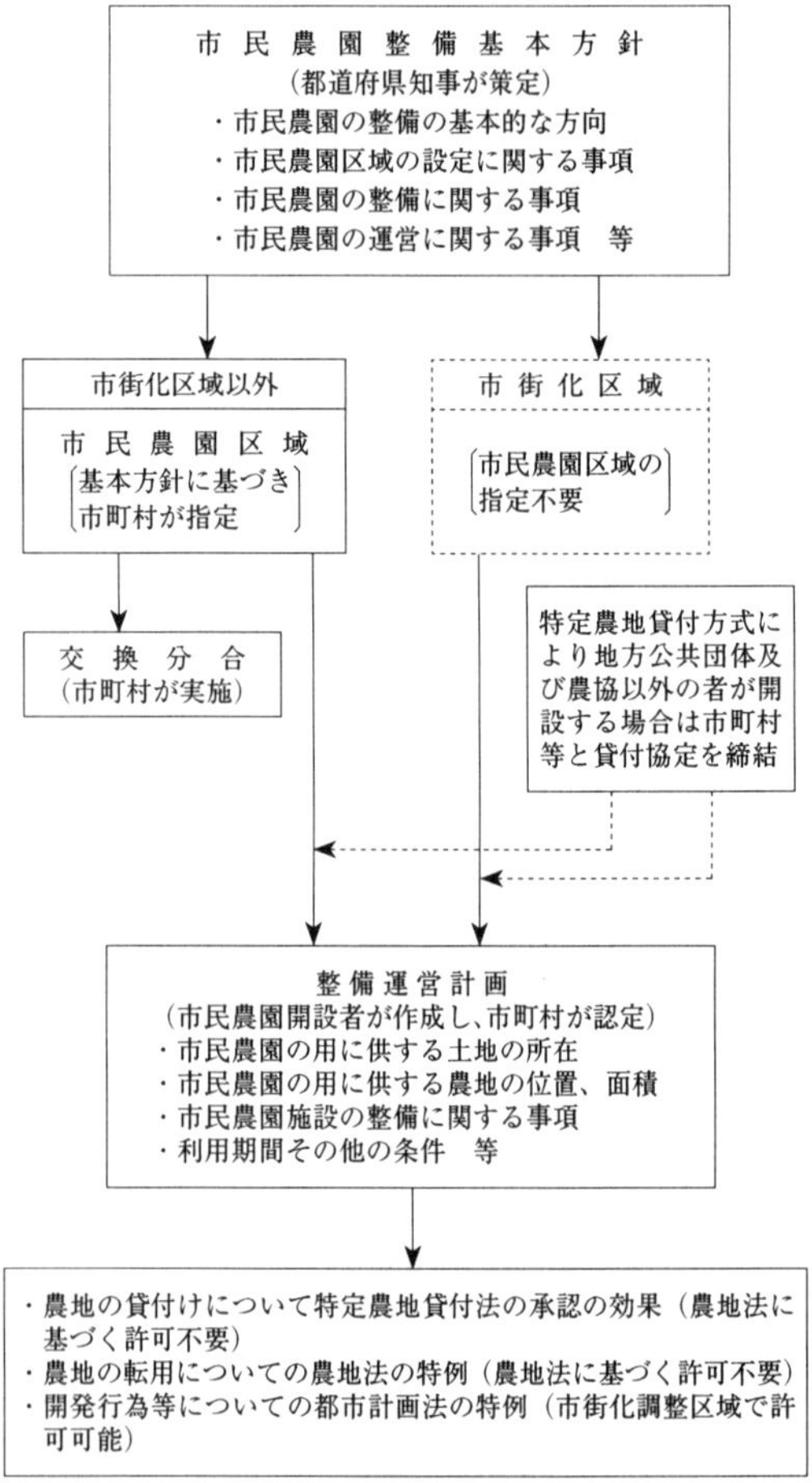

市民農園整備基本方針
(都道府県知事が策定)
・市民農園の整備の基本的な方向
・市民農園区域の設定に関する事項
・市民農園の整備に関する事項
・市民農園の運営に関する事項　等
市街化区域以外
市民農園区域
(基本方針に基づき市町村が指定)
市街化区域
(市民農園区域の指定不要)
交換分合
(市町村が実施)
特定農地貸付方式により地方公共団体及び農協以外の者が開設する場合は市町村等と貸付協定を締結
整備運営計画
(市民農園開設者が作成し、市町村が認定)
・市民農園の用に供する土地の所在
・市民農園の用に供する農地の位置、面積
・市民農園施設の整備に関する事項
・利用期間その他の条件　等
・農地の貸付けについて特定農地貸付法の承認の効果（農地法に基づく許可不要）
・農地の転用についての農地法の特例（農地法に基づく許可不要）
・開発行為等についての都市計画法の特例（市街化調整区域で許可可能）

〔市民9〕 市民農園の整備を進める区域はどのようなところですか。

答

一、市民農園整備促進法によって市民農園が開設できる場所は、

① 市町村が指定した「市民農園区域」

② 都市計画法の「市街化区域」

に限られます。

二、市民農園区域は、市民農園の開設を誘導しようとする区域を予め指定することにより、農業上の土地利用との調整を図るとともに、市民農園の効率的な整備を図ろうとするものです。したがって、市民農園区域の指定に当たっては、市町村の振興計画等との調整を図りつつ、農地所有者の土地利用に関する意向、農業関連事業の実施状況、予想される利用者の数等からみて、区域内における市民農園の開設及びその円滑な運営の見込みが十分にあるなど、地域の実情を踏まえることが必要です。

三、また、市街化区域は、農業上の土地利用との調整は要しないこと等から特段、市民農園区域を指定する必要はなく、全域で市民農園が開設できます。

〔市民10〕 市民農園を開設するにはどのような手続きをすればよいのですか。

答 一、市民農園整備促進法によって市民農園を開設する場合には、市町村の認定を受ける必要があります（市民農園整備促進法第七条）。

認定の手続きは次のようになります。

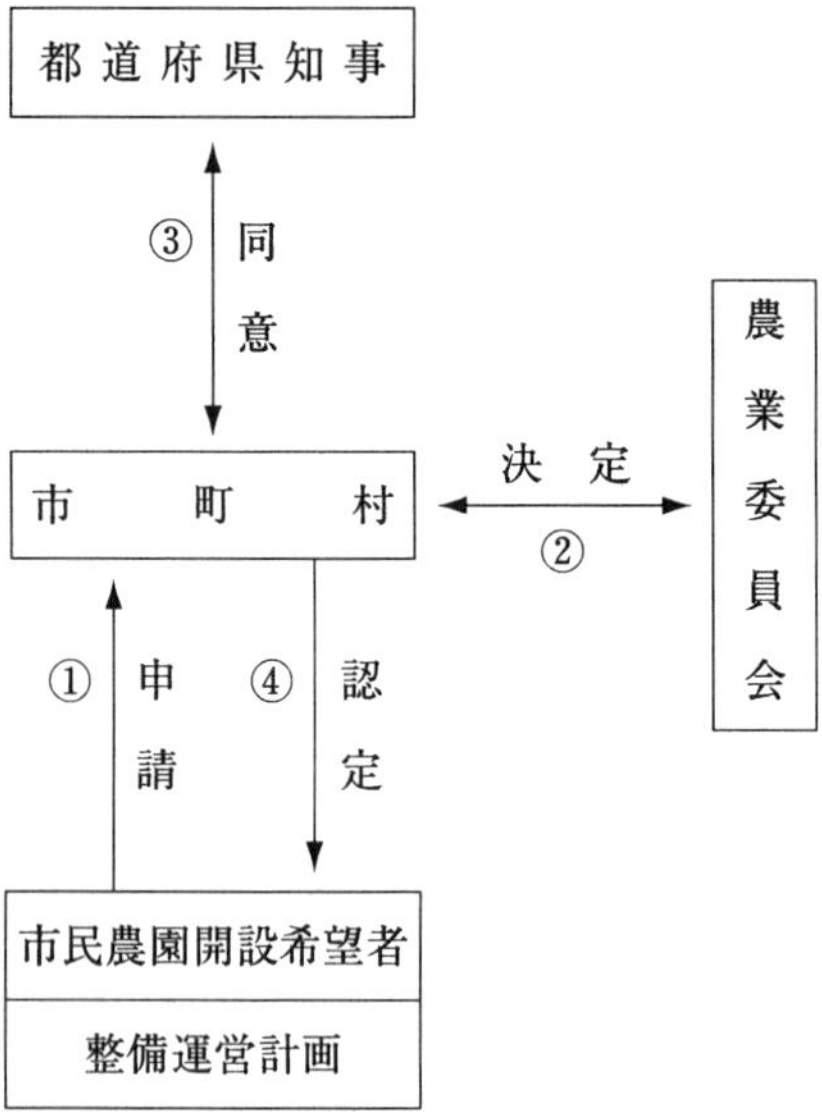

二、申請は、市民農園開設認定申請書に農地の位置及び面積、市民農園施設の位置及び規模、利用者の募集及び選考の方法、利用期間その他の条件などを記載した市民農園整備運営計画書などを添えて行う必要があります。

〔市民11〕　市民農園の開設はどのような場合に認められるのですか。

答　市町村は、市民農園の開設の認定をするに当たっては、次の要件に該当するかどうかを判断することとされています（市民農園整備促進法第七条第三項）。

(1)　整備運営計画の内容が市民農園の整備に関する基本方針に適合するものであること
(2)　市民農園の用に供する農地及び市民農園施設が適切な位置にあり、かつ、妥当な規模であること
(3)　周辺の道路、下水道等の公共施設の有する機能に支障を生ずるおそれがなく、かつ、周辺の地域における営農条件及び生活環境の確保に支障を生ずるおそれがないものであること
(4)　利用者の募集及び選考の方法が公平かつ適正なものであること
(5)　利用条件等が市民農園の確実な整備及び適正かつ円滑な利用を確保するために有効かつ適切なものであること

なお、(5)については、整備運営計画の内容が次の事項に適合しているかどうかが判断の基準になります。

① 利用期間、利用料等の条件が違法不当でないこと

② 開設者が、利用者の利用状況の見回り、指導員等の適正な配置等により必要な指導を行うことによって、利用者による農園の適切な利用を確保することができると認められること

③ 市民農園の整備に必要な経費の額の算定が適切であり、かつ、確実に調達できると見込まれること

④ 開設者が対象農地等につき正当な権利を有しているか又はその権利の取得が確実であると見込まれること

(6) その他（同法政令第四条）

① 申請の手続き又は整備運営の内容が法令に違反するものでないこと

② 市民農園が特定農地貸付け方式である場合にあっては、当該農地が所有権以外の権原に基づいて耕作の事業に供されているものでないこと

〔市民12〕 市民農園整備促進法で開設するとどのような効果があるのですか。

答

市民農園を開設する場合には、次のような効果があります。

一、市民農園整備促進法によって開設する場合の効果

① 農地を休憩施設等に転用する場合、農地法の転用許可が不要

② 市街化調整区域で開設する場合、都市計画法の開発行為などの許可が可能

このほか、「特定農地貸付け」については、農地の取得及び利用者への貸付けについて農地法の許可が不要となります。

二、なお、市民農園整備促進法によらない場合を含めて、広く市民農園を開設する場合には、次のような制度を活用できます。

① 農山漁村振興交付金（農山漁村活性化整備対策、都市農業機能発揮対策）、農山漁村地域整備交付金、沖縄振興公共投資交付金で市民農園の整備を進めることができます（令和三年度）。

② 農業近代化資金、スーパーL資金、中山間地域活性化資金などの融資が活用できます。

〔市民13〕　農園利用方式とはどういうものですか。

答　一、農地の貸付け、すなわち農地についての権利の設定を行う形をとらない方法として「農園利用方式」（市民農園整備促進法第二条第二項第一号ロ）があります。

二、「農園利用方式」とは、市民農園開設者等が自ら行う農業経営であり、入園者は相当数の者を対象に定型的な条件でレクリエーションその他の営利以外の目的で継続して農作業を行うものであり、いわゆる入園契約方式に当たるものです。

これは、賃借権その他の使用及び収益を目的とする権利の設定又は移転を伴わないで当該農作業の用に供するものに限られます。したがって、この場合は農地法の許可を受ける必要がありません。

また、継続して行われる農作業というのは、年に複数の段階の農作業（植付けと収穫等）を行うことをいうものであって、果実等の収穫のみを行う「もぎとり園」のようなものは、これに当たりません。

〔市民14〕 市街化区域内の農地で市民農園を開設する場合に留意することはありますか。

答 一、市街化区域も含めて農地で市民農園を開設する場合には、通常、特定農地貸付法又は市民農園整備促進法によって開設します。しかし、相続税納税猶予制度の適用を受けている農地の場合には、相続税納税猶予の期限が確定します。

二、そこで、相続税評価の高い市街化区域内農地にあっても生産緑地として長期間にわたり農業の継続が確実な農地について貸借を行った場合でも納税猶予の対象となる税制改正がなされ、この対象に市民農園も含まれることとなりました。

三、なお、この対象となる市民農園は、生産緑地地区内の農地を対象として、⑴特定農地貸付法又は市民農園整備促進法による貸付けのうち、①地方公共団体又は農業協同組合、②農地所有者が開設する市民農園、⑵都市農地貸借円滑化法により地方公共団体又は農業協同組合以外の農地を持たない法人等が開設する市民農園となります。

〔市民15〕「都市農地貸借円滑化法」による市民農園の開設は、特定農地貸付法とどう違うのですか。

答

一、特定農地貸付法において地方公共団体又は農業協同組合以外の農地を持たない法人等が、農地所有者から農地を借りて市民農園を開設する場合、地方公共団体又は農地中間管理機構を介して当該法人等が農地の権利を取得する必要があります。

二、一方、都市農地貸借円滑化法においては、生産緑地地区内の農地を対象として、地方公共団体又は農業協同組合以外の農地を持たない法人等が農地所有者から直接農地を借りて市民農園を開設できることになっています。

○ 特定都市農地貸付け（都市農地貸借円滑化法）関係

特定農地貸付け

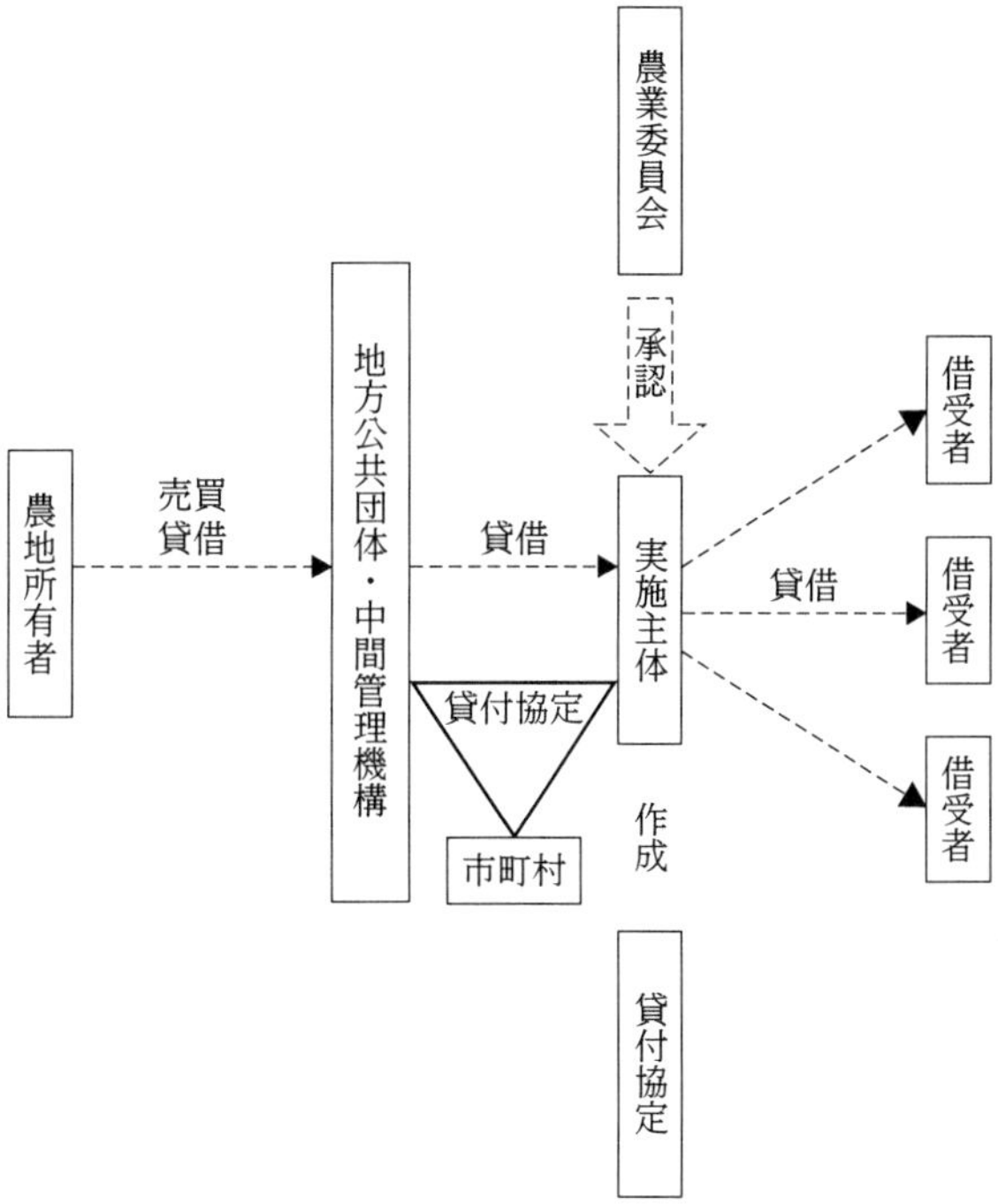

特定都市農地貸付け（都市農地貸借円滑化法）

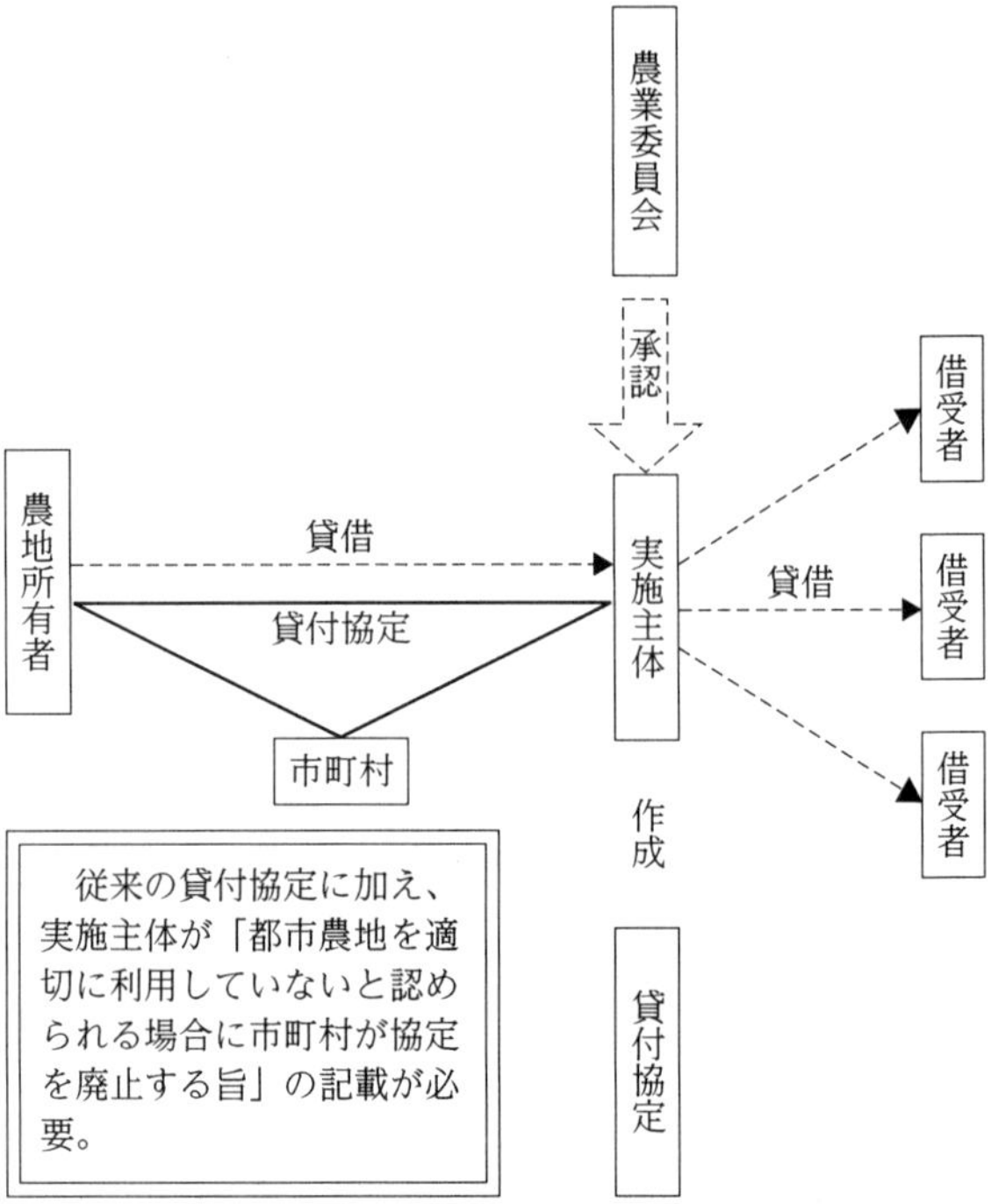

〔市民16〕　生産緑地の場合、市民農園に貸していると農地所有者が死亡や故障になった場合の買取り申出ができないのですか。

答

一、都市農地貸借円滑化法等により市民農園に農地を貸している農地所有者が死亡した場合であっても、買取りの申出をすることは可能です。

二、しかし、買取りの申出を行うには、主たる従事者に該当する必要があり、都市農地を貸借している場合には、その農地で一割以上農業従事している必要があります（都市6参照）。

附　録

Ⅰ　農地制度の年表

1　戦前の農地制度
2　戦時の農地制度
3　戦後の農地政策の展開過程

1　戦前の農地制度

年次	施策・法律等	内容
一八六八（明　一）	土地所有を公認	「村々ノ地面ハ総テ百姓ノ地タル」の宣言（太政官布告一二月一八日）
一八七二（明　五）	地所永代売買を解禁する。	（二月一五日太政官布告第五〇号）
一八七三（明　六）	地租改正法令公布	①土地の所有権の把握と所有者への地券の交付 ②地価の評価 ③地価の一〇〇分の三を地租として金納（収穫の三四%に相当）
一八七四（明　七）	林野の官民有区分はじまる	従来の公有地を廃止し、官有地と民有地に区分
一八九〇（明二三）	旧民法公布	明治二六年一月一日施行予定、施行に至らず。
一八九六（明二九）	民法（旧民法廃止）	明治三一年七月一六日施行 農地の小作関係は、債権たる賃貸借として位置づけられる。
一九二〇（大　九）	小作制度調査委員会設置	小作事情、小作制度に関する調査審議を行う。
一九二四（大一三）	小作調停法成立	↓民事調停法（昭和二六年） 農商務省・小作官設置
一九二六（大一五）	自作農創設維持補助規則	簡易生命保険積立金を財源として低利融資を行う。
一九三七（昭一二）	自作農創設維持補助助成規則	取得資金と維持資金の貸付利率三・五%二四年償還 事業主体が農地等を取得し譲渡する。利率三・二%
一九三八（昭一三）	農地調整法制定	農地の賃貸借の引渡しによる対抗力、法定更新等

2　戦時の農地制度

年次	施策・法律等	内容
一九三九（昭一四）	小作料統制令制定	昭和一四年九月一八日現在で停止統制
一九四一（昭一六）	臨時農地価格統制令制定	賃貸価格×主務大臣の定める率（昭和一四年調査に基づく郡市別倍率）
	臨時農地等管理令制定	①農地転用及び転用目的での農地の権利移動の許可制 ②耕作放棄地の規制 ③作付統制 ④耕作目的での農地の権利移動の許可制（昭和一九年改正）
一九四一（昭一六）	小作料の金納化	米の供出制と生産奨励金の交付の運用により代金納化が実現

3　戦後の農地政策の展開過程

年次	施策・法律等	内容
一九四五～五〇（昭二〇～二五）	農地改革の実施 一九四五（昭二〇）ＧＨＱ「農地改革に関する覚書」を交付 一九四六（昭二一）農地調整法改正 一九四六（昭二一）自作農創設特別措置法制定	農地調整法改正（第一次農地改革） 実際上実施されないまま第二次農地改革へ 第二次農地改革 ①政府による直接買収売渡 ア在村地主の一町歩超過の所有小作地 イ不在地主の全所有小作地 ウ所有農地が三町歩を超える場合の超過面積相当の自作地を認定買収 ②未墾地の買収売渡 ③牧野の買収売渡（昭和二二年追加） 農地改革により一七四万町歩（昭和二五年八月一日現在）の農地が買収され、所管換農地を含む一九三万町歩の農地が解放された。これにより、改革前には四六％あった小作地率は、一〇％未満となった。
一九四九（昭二四）	土地改良法制定	耕作者主義による土地改良事業の推進

年　次	施策・法律等	内　容
一九五〇（昭二五）	自作農創設特別措置法及び農地調整法の適用を受けるべき土地の譲渡に関する政令制定	土地台帳法による賃貸価格制度の廃止に伴い農地買収が不可能になることに対する応急措置 ①買収もれ農地等の旧価格による買収 ②新規買収該当地の強制譲渡 ③競売・公売の特例
	農地価格統制失効	（土地の賃貸価格制度が廃止されたため）
一九五一（昭二六）	農業委員会等に関する法律制定	
一九五二（昭二七）	農地法制定	①農地の権利移動の統制　②農地転用統制　③小作地所有制限　④賃貸借の解約の制限　⑤小作料統制　⑥物納禁止　⑦農地の買収、売渡　⑧未墾地の買収、売渡
一九五五（昭三〇）	自作農維持創設資金融通法制定	自作地取得資金、小作地取得資金
一九五九（昭三四）	農林漁業基本問題調査会設置法施行	（総理の諮問機関）成長経済下の農政のあり方を総合的に検討
一九五九（昭三四）	農地転用許可基準制定（次官通達）	
一九六〇（昭三五）	農林漁業基本問題調査会「農業の基本問題と基本対策」を答申	高度成長に対応した農業の近代化（農業生産性の向上、自立経営農家の育成、協業の助長、農業生産基盤の整備）の方向を提起

年次	施策・法律等	内容
一九六一(昭三六)	農業基本法制定	①農業の生産性の向上　②選択的拡大と農業所得の増大　③自立経営農家の育成　④協業の助長　⑤農地の権利移動の円滑化　⑥農業構造改善のための助成等、農業の構造政策の方向を示す。
一九六二(昭三七)	農地法改正・農協法改正	①農業生産法人制度の導入　②農地信託制度の創設　③農地取得の上限の緩和
一九六二(昭三七)	第一次構造改善事業発足（閣議決定）	構造政策推進に資する施設・基盤整備等各種事業の実施
一九六四(昭三九)	農地管理事業団構想（四〇年第四八国会、四一年第五一国会提案……廃案）	政府出資の特殊法人による農地・未墾地等の売買・あっせん、取得資金の貸付等農地移動の公的機関の介入により規模拡大、自立経営農家育成を企図
一九六七(昭四二)	農林省「構造政策の基本方針」を発表	①農地流動化の促進　②資金融通制度の充実　③協業等集団生産組織の助長　④農用地の整備　⑤開発造成の推進　⑥年金制度の活用と転職円滑化措置の充実　⑦農村地域の保全振興対策の推進等農業構造政策の推進方策等を決定（一九六八年以降、法制化等により実施に移す）
一九六八(昭四三)	新都市計画法制定（旧都市計画法（一九二一）廃止）	

年次	施策・法律等	内容
一九六九(昭四四)	農地法施行規則改正	市街化区域内農地を転用する場合の届出手続
一九六九(昭四四)	農業振興地域の整備に関する法律制定	農村地域における農業振興地域の指定と農業振興方策の策定
一九六九(昭四四)	第二次農業構造改善事業発足	
一九七〇(昭四五)	(米生産調整対策発足)	
一九七〇(昭四五)	水田転用についての農地転用許可に関する暫定基準(次官通達)	
一九七〇(昭四五)	農地法改正	①賃貸借規制の緩和　②小作料規制の緩和　③農業生産法人の要件緩和　④経営規模拡大のための農地保有合理化法人による農地等の売買・貸借等の促進　⑤農協による経営受委託事業の創設　⑥草地利用権の創設等
一九七〇(昭四五)	農業者年金基金法制定	農業者の老後の生活安定、福祉の向上とともに、農業経営移譲等を通じて農業の近代化、農地保有の合理化に資することを目的
一九七四(昭四九)	国土利用計画法制定	国土の均衡ある発展をめざし、国土利用計画を策定
一九七五(昭五〇)	農業振興地域の整備に関する法律改正	農用地利用増進事業の創設

年次	施策・法律等	内容
一九七七(昭五二)	地域農政特別対策事業発足	地域の特性を生かし、農業者の自主的意向にもとづき地域農業のあり方を明らかにし、農用地の有効利用、担い手農家の土地利用の集積、農業基盤の整備の推進
一九七八(昭五三)	新農業構造改善事業発足 （水田利用再編対策発足）	
一九八〇(昭五五)	農用地利用増進法制定	農用地利用増進事業の拡充
一九八〇(昭五五)	農地法改正	売渡農地の貸付禁止の例外措置（世帯員への貸付）、小作地転貸禁止の例外措置（世帯員への転貸可）、農業生産法人の要件緩和、物納小作料の法認
一九八〇(昭五五)	農政審議会「八〇年代農政の基本方向」を答申	
一九八四(昭五九)	農振法改正、土地改良法改正	
一九八五(昭六〇)	農業改良資金助成法及び自作農創設特別措置特別会計法改正 （農業経営基盤強化措置特別会計法に改名）	農業改良資金の資金種類に経営規模拡大資金を創設、自創特会の経理対象に農業改良資金の貸付金及び農地保有合理化促進事業に対する補助金の経理を追加するとともに特別会計を農業経営基盤強化措置特別会計に改組
一九八九(平元)	農用地利用増進法改正	農用地の利用調整のための仕組みの追加
一九八九(平元)	特定農地貸付けに関する農地法等の特例に関する法律制定	特定農地貸付け制度の創設

年次	施策・法律等	内容
一九九〇(平二)	市民農園整備促進法制定	農地と農機具収納施設等の附帯施設を総体として優良な市民農園の整備を促進するために、市民農園の認定制度等を創設
一九九一(平三)	土地改良法改正	国営及び都道府県営事業における市町村負担の明確化、農地保有合理化の促進等のための換地制度の改善
一九九一(平三)	行政事務に関する国と地方の関係の整理及び合理化に関する法律制定	農村地域工業等導入促進法等地域整備法による農地転用は二ヘクタールを超える場合でも都道府県知事の許可
一九九二(平四)	農地法施行令改正	農地保有合理化法人に市町村公社を加える。
一九九二(平四)	農林水産省「新しい食料・農業・農村政策の方向（新政策の方向）」を取りまとめ	二一世紀に向けた政策展開の基本的考え方を示す。
一九九三(平五)	**農業経営基盤の強化のための関係法律の整備に関する法律制定** 農用地利用増進法改正（農業経営基盤強化促進法に改名） 農地法改正 農業協同組合法改正 土地改良法改正等	効率的かつ安定的な農業経営体を育成するとともに、これらの経営体が生産の相当部分を担うような農業構造を早急に確立するため、関係七法律を一括して改正

年次	施策・法律等	内容
一九九三(平五)	特定農山村地域における農林業等の活性化のための基盤整備の促進に関する法律制定	地勢等の地理的条件が悪く、農業の生産条件が不利な中山間地域を対象として、新規作物の導入、地域特産物の生産販売、都市住民との交流等の多様な活動を通じ、農林業その他の事業の活性化を図る。
一九九五(平七)	農地法施行規則改正	地方公共団体等が非常災害の応急対策又は復旧のために農地転用又は農地等の権利を取得する場合農地転用許可除外
一九九五(平七)	農業経営基盤強化促進法改正	農地保有合理化法人に対する支援の強化、同法人による農用地の買入協議制の創設
一九九七(平九)	食料・農業・農村基本問題調査会設置(総理府本府組織令改正)	新たな基本法の制定を含む中長期的な改革の方向検討
一九九八(平一〇)	食料・農業・農村基本問題調査会答申	食料・農業・農村政策の基本的考え方及び具体的政策の目標を示す。
一九九八(平一〇)	農地法改正	地方分権の推進及び行政事務の基準の明確化を図るため、農地転用について農林水産大臣の権限を二ヘクタール超から四ヘクタール超に改正、許可基準を法定（平成一〇年一一月一日施行）
一九九八(平一〇)	「農政改革大綱」決定（省議決定）	農業基本法に基づく戦後の農政を国民全体の視点に立って抜本的に見直し、新たな食料、農業、農村政策として再構築する。

年次	施策・法律等	内容
一九九九(平一一)	食料・農業・農村基本法制定	食料、農業及び農村に関する施策について基本理念及びその実現を図るのに基本となる事項を定める。
一九九九(平一一)	地方分権の推進を図るための関係法律の整備等に関する法律による農地法改正	機関委任事務の廃止に伴い、法定受託事務、自治事務の区分を規定
二〇〇〇(平一二)	農地法改正	農業経営の法人化を推進し、地域農業の活性化を図るため、農業生産法人要件に株式会社（定款に株式の譲渡につき取締役会の承認を要する旨の定めがあるものに限る。）を追加、事業は主たる事業が農業であれば他の事業実施可能、下限面積の農林水産大臣の承認廃止等の措置を講ずる。
二〇〇一(平一三)	農業者年金基金法改正	農地等売買貸借業務を廃止
二〇〇一(平一三)	土地改良法改正	「環境への調和に配慮」を土地改良事業の実施の原則に位置付け、事業の施行に関する基本要件の具体的内容に追加
二〇〇二(平一四)	構造改革特別区域法制定 ・農地法の特例 ・特定農地貸付法及び市民農園整備促進法の特例	特区内において ・農業生産法人以外の法人に使用収益権の設定を認める。 ・市民農園の開設者の範囲の拡大

年次	施策・法律等	内容
二〇〇三(平一五)	農業経営基盤強化促進法改正	認定農業者である農業生産法人の構成員要件の緩和、一定要件を満たす農作業受託組織に対する利用集積の促進
二〇〇五(平一七)	農業経営基盤強化促進法等の改正 〔・農業経営基盤強化促進法改正 ・農地法改正　等〕	構造改革特区制度の全国展開として、市町村等が農業生産法人以外の法人に農用地を貸し付ける特定法人貸付事業を創設
	特定農地貸付法改正	構造改革特区の特例措置の全国での実施、地方公共団体及び農業協同組合以外の者でも市民農園の開設を可能にした
二〇〇五(平一七)	会社法の施行に伴う関係法律の整備に関する法律制定	会社法の制定に伴い、農業生産法人の組織要件が「農事組合法人、株式会社（公開会社でないものに限る。以下同じ。）又は持分会社」に改められ、平成一八年五月一日から施行
二〇〇九(平二一)	農地法等の改正 ・農地法改正	農地確保のため学校・病院等の公共事業を許可対象とし、効率利用を促進するため一般の法人の貸借による権利取得の途を開く。 なお、小作地所有制限、標準小作料、未墾地の買収・売渡等の規定は廃止
	・農業協同組合法改正	農業協同組合・同連合会も農業経営のための貸借による権利取得を可能にした

年次	施策・法律等	内容
二〇〇九(平二一)	・農業経営基盤強化促進法改正	農地利用の集積を促進する農地利用集積円滑化事業を創設
二〇一二(平二四)	・地域の自主性及び自立性を高めるための改革の推進を図るための関係法律の整備に関する法律	農地法第三条の耕作目的での権利移動の許可権限がすべて農業委員会とされる(平二四・四・一施行)。
二〇一三(平二五)	・農地中間管理事業法の制定 農業の構造改革を推進するための農業経営基盤強化促進法等の一部を改正する等の法律 〔・農業経営基盤強化促進法改正 ・農地法改正〕	農地中間管理機構による農地中間管理権の取得と農用地利用配分計画による貸付け等の制度化 青年等の就農支援、法人化等の推進 遊休農地に関する措置の強化・農地台帳の法定化
二〇一四(平二六)	・行政不服審査法の施行に伴う関係法律の整備等に関する法律	不服申立前置主義の廃止
二〇一五(平二七)	農業協同組合法等の一部を改正する等の法律 ・農地法改正	農業生産法人の名称を農地所有適格法人に変更し、農外の議決権を二分の一未満まで拡大、理事等の農作業従事要件は一人以上に緩和。 都道府県知事の農地転用許可への農業委員会の意見送付と、農業委員会から都道府県農業委員会ネットワーク機構へ意見聴取を法定。

年次	施策・法律等	内容
二〇一五(平二七)	・地域の自主性及び自立性を高めるための改革の推進を図るための関係法律の整備に関する法律（第五次地方分権一括法）	転用は四ヘクタールを超える場合でも都道府県知事の許可 農地転用に係る事務権限を移譲する指定市町村の創設
	・農業委員会等に関する法律改正	農業委員の公選制を廃止し、市町村長による任命制へ。農地利用の最適化を必須事務に位置づけ。農地利用最適化推進委員の創設。全国農業会議所と都道府県農業会議は農業委員会ネットワーク機構として一般社団に移行。
二〇一六(平二八)	国家戦略特別区域法改正	特区に限って、農地所有適格法人以外の法人が農地の所有権を取得できる仕組みの創設（五年間の時限措置）→二〇二一年（令三）の法改正で二年延長
二〇一七(平二九)	土地改良法等の一部を改正する法律 ・土地改良法改正 ・農地中間管理事業法改正 ・水資源機構法改正	農地中間管理機構が借り入れている農地について、農業者からの申請によらず、都道府県営事業として、農業者の費用負担や同意を求めない基盤整備事業を実施できる制度の創設 防災及び減災対策の強化 事業実施手続きの合理化

年次	施策・法律等	内容
二〇一七(平二九)	生産緑地法改正	特定生産緑地制度の創設 生産緑地地区の最低面積の変更（五〇〇→三〇〇㎡以上） 生産緑地地区における建築規制の緩和
二〇一八(平三〇)	農業経営基盤強化促進法等の一部を改正する法律 〔・農業経営基盤強化促進法改正 ・農地法改正〕	所有者不明農地について、農業委員会の探索・公示手続きを経て、不明な所有者の同意を得たとみなす制度の創設 共有持分の過半を有する者の同意を得て設定される利用権の存続期間の上限を「五年」から「二〇年」に延長 農業用ハウス等の内部を全面コンクリート張りとした場合でも農地転用に該当しないものとする取扱い
	土地改良法改正	土地改良区の組合員資格ならびに体制の改善に関する措置
	都市農地の貸借の円滑化に関する法律制定	生産緑地について相続税納税猶予を受けたままで農地を貸すことができる仕組みの創設

年次	施策・法律等	内容
二〇一九(令元)	農地中間管理事業の推進に関する法律等の一部を改正する法律 〔・農地中間管理事業法改正 ・農業経営基盤強化促進法改正 ・農地法改正〕	地域における農業者等による協議の場の実質化、農業委員会の役割の明確化 農地中間管理事業の手続きの簡素化 農地利用集積円滑化事業の中間管理事業への統合・一体化 認定農業者制度について市町村の認定事務を都道府県又は国が処理する仕組みの創設

Ⅱ　統　計　資　料

1 食料・農業・農村基本計画関係

(1) 品目別食料自給率目標

(単位：%)

	平成30年度	令和12年度
米	97	98
小 麦	12	19
大麦・はだか麦	9	12
甘しょ	95	100
馬鈴しょ	67	72
大 豆	6	10
野 菜	77	91
果 実	38	44
生 乳	59	60
肉 類(計)	51	55
牛 肉	36	43
豚 肉	48	51
鶏 肉	64	65
鶏 卵	96	101
砂 糖	34	38
茶	100	125

(2) 総合食料自給率目標(供給熱量ベース)

(単位：%)

	平成30年度	令和12年度
供給熱量ベースの総合食料自給率	37	45

(3) 総合食料自給率目標(生産額ベース)

(単位：%)

	平成30年度	令和12年度
生産額ベースの総合食料自給率	66	75

注：各品目の単価が基準年度と同水準として試算したものである。

(4) 飼料自給率の目標

(単位：%)

	平成30年度	令和12年度
飼料自給率	25	34

注：飼料自給率は、飼料用穀物、牧草等を可消化分総量（TDN）に換算して算出したものである。

(5) 主要品目の作付面積

(単位：万 ha)

	平成30年度	令和12年度
米（米粉用米、飼料用米除く）	147	132
米粉用米	0.5	2.3
飼料用米	8.0	9.7
小　麦	21	24
大麦・はだか麦	6.1	6.7
甘しょ	3.6	3.4
馬鈴しょ	7.6	7.5
大　豆	15	17
野　菜	40	42
果　実	22	21
てん菜	5.7	5.7
さとうきび	2.8	3.0
茶	4.2	3.8
飼料作物	89	117

(注) さとうきびは収穫面積である。

(6) 延べ作付面積、農地面積、耕地利用率

	平成30年度	令和12年度
延べ作付面積（万 ha）	404.8	431
農地面積（万 ha）	442.0	414
耕地利用率（%）	92	104

(7) 農地面積の見通しと確保

○ 令和12年における農地面積の見込み

○ これまでのすう勢(※)を踏まえ、荒廃農地の発生防止・解消の効果を織り込んで、農地面積の見込みを推計

令和元年現在の農地面積	４３９．７万ha

↓

すう勢(※)	令和12年までの農地の増減	施策効果	令和12年までの農地の増減
農地の転用	△１６万ha		
荒廃農地の発生	△３２万ha	荒廃農地の発生防止	＋１７万ha
		荒廃農地の解消	＋　５万ha

↓

これまでのすう勢(※)が今後も継続した場合の令和12年時点の農地面積	３９２万ha（すう勢(※)）

↓

令和１２年時点で確保される農地面積	４１４万ha

（※）すう勢は、農地の転用及び荒廃農地の発生が同水準で継続し、かつ、荒廃農地の発生防止・解消に係る施策を講じないと仮定した場合の見込み。

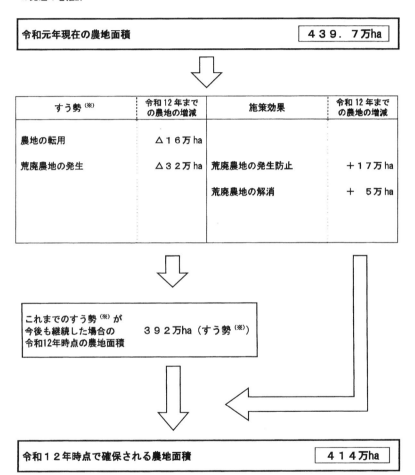

（万 ha、％）

平成17年			平成27年			平成30年		
全　国	三　大 都市圏	地方圏	全　国	三　大 都市圏	地方圏	全　国	三　大 都市圏	地方圏
470 (12.4)	61 (11.4)	409 (12.6)	450 (11.9)	56 (10.5)	393 (12.1)	442 (11.7)	55 (10.3)	387 (11.9)
2,510 (66.4)	316 (58.8)	2,194 (67.7)	2,505 (66.3)	314 (58.4)	2,191 (67.6)	2,503 (66.2)	314 (58.4)	2,190 (67.5)
36 (1.0)	1 (0.2)	35 (1.1)	35 (0.9)	1 (0.2)	34 (1.0)	35 (0.9)	1 (0.2)	34 (1.0)
134 (3.5)	19 (3.5)	115 (3.5)	134 (3.6)	19 (3.6)	115 (3.5)	135 (3.6)	19 (3.6)	116 (3.6)
132 (3.5)	27 (5.0)	105 (3.2)	139 (3.7)	28 (5.2)	110 (3.4)	140 (3.7)	29 (5.3)	111 (3.4)
185 (4.9)	61 (11.4)	124 (3.8)	193 (5.1)	63 (11.8)	130 (4.0)	196 (5.2)	64 (11.9)	132 (4.1)
112 (3.0)	37 (6.9)	74 (2.3)	118 (3.1)	40 (7.4)	78 (2.4)	120 (3.2)	41 (7.5)	79 (2.4)
16 (0.4)	5 (0.9)	10 (0.3)	15 (0.4)	5 (1.0)	10 (0.3)	16 (0.4)	5 (1.0)	10 (0.3)
57 (1.5)	18 (3.4)	39 (1.2)	60 (1.6)	18 (3.4)	41 (1.3)	60 (1.6)	18 (3.4)	42 (1.3)
312 (8.3)	52 (9.7)	261 (8.1)	324 (8.6)	55 (10.2)	269 (8.3)	329 (8.7)	55 (10.3)	274 (8.4)
3,779 (100.0)	537 (100.0)	3,242 (100.0)	3,780 (100.0)	537 (100.0)	3,243 (100.0)	3,780 (100.0)	537 (100.0)	3,242 (100.0)

である。
阪、兵庫、奈良の１都２府８県。

を統合し、「原野等」とした。
所敷地面積」から「従業者４人以上の事業所敷地面積」とした。

2 国土利用関係

(1) 我が国の国土利用の推移

地目＼区分	昭和50年			昭和60年			平成7年		
	全 国	三 大 都市圏	地方圏	全 国	三 大 都市圏	地方圏	全 国	三 大 都市圏	地方圏
1. 農 地	557 (14.8)	80 (15.0)	477 (14.7)	538 (14.2)	72 (13.4)	466 (14.4)	504 (13.3)	66 (12.3)	438 (13.5)
2. 森 林	2,529 (67.0)	324 (60.7)	2,205 (68.0)	2,530 (67.0)	323 (60.3)	2,207 (68.1)	2,514 (66.5)	318 (59.2)	2,196 (67.7)
3. 原野等	62 (1.6)	2 (0.4)	60 (1.9)	41 (1.1)	1 (0.2)	40 (1.2)	35 (0.9)	0 (0.0)	34 (1.0)
4. 水面・河川・水路	128 (3.4)	18 (3.4)	110 (3.4)	130 (3.4)	18 (3.4)	112 (3.5)	132 (3.5)	19 (3.5)	113 (3.5)
5. 道 路	89 (2.4)	19 (3.6)	70 (2.2)	107 (2.8)	23 (4.3)	84 (2.6)	121 (3.2)	25 (4.7)	95 (2.9)
6. 宅 地	124 (3.3)	43 (8.1)	81 (2.5)	150 (4.0)	51 (9.5)	99 (3.1)	170 (4.5)	57 (10.6)	113 (3.5)
住宅地	79 (2.1)	26 (4.9)	53 (1.6)	92 (2.4)	31 (5.8)	61 (1.9)	102 (2.7)	34 (6.3)	68 (2.1)
工業用地	14 (0.4)	6 (1.1)	8 (0.2)	15 (0.4)	6 (1.1)	9 (0.3)	17 (0.4)	6 (1.1)	11 (0.3)
その他の宅地	31 (0.8)	11 (2.1)	20 (0.6)	44 (1.2)	15 (2.8)	29 (0.9)	51 (1.3)	17 (3.2)	35 (1.1)
7. その他	286 (7.6)	48 (9.0)	238 (7.3)	282 (7.5)	47 (8.8)	234 (7.2)	302 (8.0)	52 (9.7)	252 (7.8)
合 計	3,775 (100.0)	534 (100.0)	3,241 (100.0)	3,778 (100.0)	536 (100.0)	3,242 (100.0)	3,778 (100.0)	537 (100.0)	3,242 (100.0)

資料：「土地白書」による。国土交通省資料。
注１：道路は、一般道路、農道及び林道である。
注２：数値は、国土交通省が既存の各種の統計を基に推計したものである。
注３：四捨五入により、内訳の和と合計等との数値が一致しない場合がある。
注４：（ ）内は、全国・三大都市圏・地方圏ごとの合計の面積に占める割合
三大都市圏：埼玉、千葉、東京、神奈川、岐阜、愛知、三重、京都、大
地 方 圏：三大都市圏を除く地域。
注５：平成23年から地目区分を変更し、従来の「採草放牧地」、「原野」の区分
注６：平成29年から工業用地の対象を変更し、従来の「従業者10人以上の事業

(2) 耕地面積の推移（全国）

（単位：千 ha）

区分＼年次	昭和40年	50年	60年	平成７年	17年	27年	令和元年
総　面　積	6,004	5,572	5,379	5,038	4,692	4,496	4,397
田	3,391	3,171	2,952	2,745	2,556	2,446	2,393
畑	2,614	2,402	2,427	2,293	2,136	2,050	2,004
普通畑	1,948	1,289	1,257	1,225	1,173	1,152	1,134
樹園地	526	628	549	408	332	291	273
牧草地	140	485	621	661	631	607	597

資料：農林水産省「耕地及び作付面積統計」による。

注１：実測ベース、平成17年までは８月１日現在、平成17年から７月15日現在。

注２：50年以降は沖縄県を含む。

注３：四捨五入の関係から合計が一致しない場合がある。

(3) 農業振興地域指定及び農業振興地域整備計画策定状況（令和元年12月31日現在）

	市町村数
全　市　町　村　総　数	1,718
農業振興地域の指定されている市町村数	1,600
農業振興地域整備計画策定市町村数	1,598

(4) 農用地区域の現況地目別面積の推移（各年12月31日現在）

（単位：万 ha）

項目		平成27年	平成28年	平成29年	平成30年	令和元年
総面積		474	472	470	468	468
農用地	田	227	226	226	225	225
	畑	153	153	152	152	153
	樹園地	30	30	29	29	28
	農地計	410 (403)	409 (403)	407 (402)	406 (401)	406 (400)
	採草放牧地	16	15	15	15	14
	計	426	424	422	421	420
混牧林地		6	6	6	6	6
農業用施設用地		4	4	4	5	5
混牧林地以外の山林原野		32	33	33	33	33
その他		3	4	4	4	4

資料：農村振興局農村政策部農村計画課調べによる。

注1：数値は四捨五入の関係で計が一致しない場合がある。

注2：福島県内の東京電力福島第一原子力発電所事故の影響により避難指示のあった9町村については、平成21年の農地面積から平成21年以降に農用地区域の除外・編入等を行った面積を加除して算出している。

注3：（ ）書は、耕地面積。

(5)　農振法及び都市計画法による土地利用区分

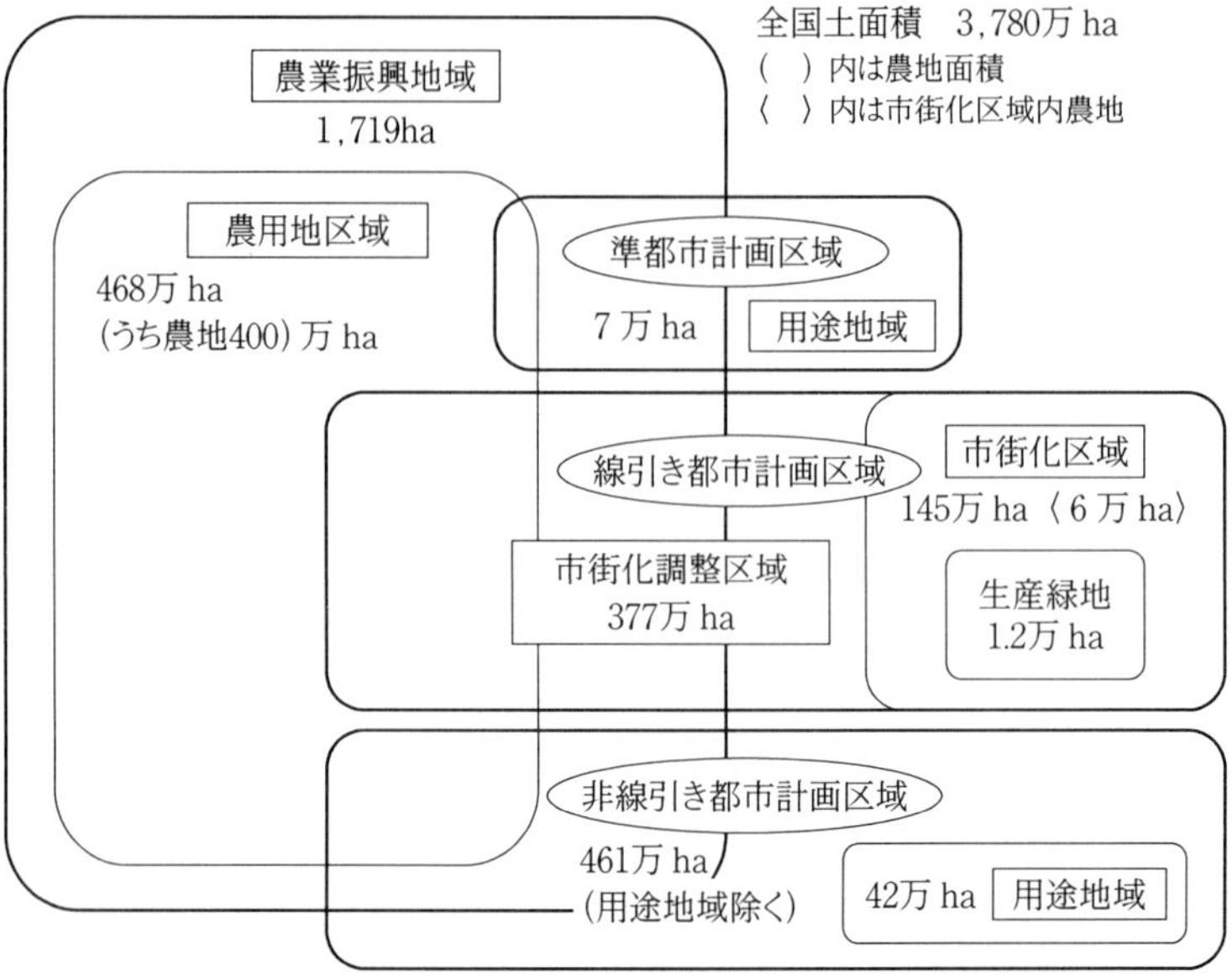

資料：国土地理院「全国都道府県市区町村別面積調」(令和２年10月１日現在)
　　　農林水産省農村振興局農村計画課調べ（令和元年12月31日現在)
　　　国土交通省都市局「都市計画現況調査」(平成31年３月31日現在)
　　　総務省自治税務局「固定資産の価格等の概要調書」(令和元年度）による。

① 市街化区域内の農地面積の推移

(単位：ha、%)

地域 ＼ 年		平成７年	平成12年	平成17年	平成22年	平成27年	平成31年
市街化区域農地面積	全　国 (A)	118,257	100,505	84,552	71,625	60,816	51,432
	三大都市圏	48,127	40,062	33,457	30,771	25,475	21,455
	東京圏	23,468	20,094	16,457	13,446	10,717	9,038
	東京都	2,666	2,013	1,478	1,161	917	764
	区部	603	438	247	176	113	82
	地方圏	70,130	60,443	51,094	40,854	35,341	29,977
生産緑地地区指定面積	全　国	15,497	15,381	14,696	14,248	13,442	12,497
	三大都市圏	15,494	15,378	14,690	14,193	13,361	12,410
	東京圏	8,695	8,794	8,487	8,157	7,735	7,181
	東京都	4,060	3,925	3,746	3,521	3,296	3,064
	区部	591	558	515	472	464	407
	地方圏	2	3	6	55	81	87
市街化区域面積(B)		1,410,296 (5.0)	1,432,302 (1.5)	1,434,640 (0.2)	1,440,000 (0.4)	1,448,850 (0.6)	1,451,092 (0.2)
農地率(A／B)		8.4	7.0	5.9	5.0	4.2	3.5

資料：総務省「固定資産の価格等の概要調書」及び国土交通省「都市計画現況調査」より作成

注１：地域区分は次のとおり。

三大都市圏：東京圏、中部圏及び近畿圏。

東京圏：茨城県、埼玉県、千葉県、東京都及び神奈川県。

中部圏：静岡県、愛知県及び三重県。

近畿圏：京都府、大阪府、兵庫県及び奈良県。

地方圏：三大都市圏以外の道県。

注２：各年とも市街化区域農地面積は１月１日現在、生産緑地地区指定面積は３月31日の数値。

注３：（　）内は、左隣の欄に掲載している数値に対する伸び率。

注４：市街化区域農地面積には、生産緑地、都市計画施設として定められた公園または緑地の区域等の内の農地面積を含まない。

②　市街化区域内農地の転用面積

（単位：ha）

地域＼年	昭和60年	平成７年	平成12年	平成17年	平成22年	平成27年
全　　国	6,698	6,554	4,995	4,677	3,304	4,004
三大都市圏	3,106	2,977	2,195	2,271	1,604	1,854
うち東京圏	1,679	1,588	1,209	1,346	967	1,077
地　方　圏	3,592	3,578	2,800	2,406	1,700	2,150

資料：農林水産省「農地の移動と転用（農地の権利移動・借賃等調査）」による。
注：三大都市圏は、埼玉県、千葉県、東京都、神奈川県、愛知県、三重県、京都府、大阪府、兵庫県及び奈良県。東京圏は、埼玉県、千葉県、東京都及び神奈川県。地方圏は、三大都市圏以外の道県。

③　市街化区域内に占める市街化区域農地の割合

（単位：ha、％）

地域＼区分	市街化区域面積(A)		市街化区域農地面積(B)		(B)／(A)
全　　国	1,451,092	(100.0)	51,432	(100.0)	3.5
三大都市圏	799,984	(55.1)	21,455	(41.7)	2.7
東京圏	397,658	(27.4)	9,038	(17.6)	2.3
東京都	108,066	(7.4)	764	(1.5)	0.7
区部	58,193	(4.0)	82	(0.2)	0.1
地方圏	651,108	(44.9)	29,977	(58.3)	4.6

資料：総務省「固定資産の価格等の概要調書」及び国土交通省「都市計画現況調査」より作成
注１：地域区分は前頁①市街化区域内の農地面積の推移に同じ。
注２：市街化区域農地面積は平成31年１月１日現在、市街化区域面積は平成31年３月31日現在の数値。
注３：(　)内の数値は、構成比。

④ 三大都市圏特定市における生産緑地地区の指定状況

（単位：ha、％）

		特定市街化区域農地面積 (A)	生産緑地地区指定面積 (B)	割合(%) (B/(A+B))
	茨 城 県	261	72	22
	埼 玉 県	1,755	1,669	49
	千 葉 県	1,245	1,069	46
	東 京 都	688	3,064	82
	神奈川県	1,041	1,293	55
首 都 圏 計		4,989	7,167	59
	静 岡 県	578	235	29
	愛 知 県	2,242	1,047	32
	三 重 県	317	172	35
中 部 圏 計		3,137	1,454	32
	京 都 府	411	764	65
	大 阪 府	984	1,926	66
	兵 庫 県	218	505	70
	奈 良 県	725	572	44
近 畿 圏 計		2,337	3,766	62
三大都市圏計		10,462	12,387	54

資料：総務省「固定資産の価格等の概要調書」及び国土交通省「都市計画現況調査」より作成

注１：特定市とは、次に掲げる地域をいう。
①都の特別区の区域。
②首都圏、中部圏又は近畿圏内にある政令指定都市。
③②以外の市でその区域の全部又は一部が以下の区域にあるもの。
首都圏整備法に規定する既成市街地又は近郊整備地帯。
中部圏開発整備法に規定する都市整備区域。
近畿圏整備法に規定する既成都市区域又は近郊整備区域。

注２：特定市街化区域農地とは、特定市内の市街化区域農地であり、宅地並み課税が適用される農地をいう。

注３：特定市街化区域農地面積は平成31年１月１日現在、生産緑地地区指定面積は平成31年３月31日現在の数値。

法第３条	農業経営基盤強化促進法	農地中間管理事業法	農地法第18条	農地法第17条の例外
使用貸借による権利の設定	利用権の設定	利用権等の設定	賃貸借の解約等（潰廃目的を含む）	利用権の終了
4,442	19		33,637	/
52,457	96,845		46,003	…
57,980	129,166		41,202	69,324
54,429	124,347		45,855	80,277
33,754	142,936		35,484	98,905
29,283	195,262		37,342	103,065
15,385	228,432		34,799	113,894
11,922	313,042		41,514	157,035
7,767	426,574	21,765	90,039	190,042
6,427	373,061	45,168	67,759	186,883
5,691	379,913	39,406	68,630	191,594
5,476	362,671	45,931	67,266	180,876
4,529	11		3,792	/
57,900	27,397		5,857	(3,700)
74,148	41,404		7,912	18,869
73,820	51,880		11,866	22,961
44,795	63,868		12,861	32,851
46,519	100,536		16,352	37,098
28,196	121,692		18,594	51,774
21,375	148,139		22,798	64,402
26,168	221,624	48,204	53,452	76,947
23,140	190,205	82,803	38,835	82,439
24,160	188,707	45,828	37,300	82,646
20,224	180,780	43,896	39,362	77,839

所有権移転の合計である。
による権利の設定、農業経営の委託に伴う権利の設定の合計である。
よる権利の設定の合計である。

3 各問の参考統計

(1) 耕作目的の農地移動の概要（全国）

		農地法第３条＋農業経営基盤強化促進法			農 地
		所有権移転			賃借権の設定
		自作地		所有権以外耕作地(小作地)	
		有償	無償		
件数(件)	昭50年	213,581	64,197	21,023	13,733
	55	198,344	84,157	14,214	23,907
	60	172,706	71,975	9,927	14,209
	平２	132,568	62,032	5,222	11,659
	7	89,087	37,033	2,528	8,317
	12	80,995	25,148	1,320	6,800
	17	66,711	22,596	436	5,952
	22	50,700	17,735	255	6,023
	27	48,164	16,617	206	6,880
	28	46,993	14,224	113	6,491
	29	49,203	14,530	199	5,594
	30	47,340	13,757	170	5,103
面積(ha)	昭50年	47,568	43,283	2,552	5,909
	55	40,496	65,026	1,716	10,185
	60	38,098	52,780	2,039	5,818
	平２	34,435	37,096	2,740	5,396
	7	27,079	18,548	1,510	4,129
	12	31,067	11,461	1,420	3,384
	17	31,276	11,813	244	3,732
	22	28,222	9,165	116	6,367
	27	32,111	9,897	120	7,307
	28	29,027	8,785	45	7,805
	29	32,668	8,832	82	8,025
	30	30,451	8,540	255	7,430

資料：農林水産省「農地の移動と転用（農地の権利移動・借賃等調査)」による。
注１：所有権移転の60年以降は、農地法及び農業経営基盤強化促進法に基づく
注２：農業経営基盤強化促進法による利用権の設定は賃借権の設定、使用貸借
注３：農地中間管理事業法による利用権等の設定は賃借権の設定と使用貸借に

(2) 農地転用の動向（全国）

① 4条及び5条の許可・届出

（単位：ha）

		4条	5条			合計	
		田畑計	田畑計	採草放牧地	計	合計	うち農地
許可	50年	6,524	11,446	249	11,695	18,219	17,970
	55	4,811	9,617	188	9,805	14,616	14,427
	60	3,531	8,917	129	9,046	12,577	12,448
	平2	4,839	14,972	124	15,097	19,935	19,811
	7	2,981	12,163	86	12,249	15,230	15,144
	12	2,345	9,039	116	9,155	11,500	11,384
	17	1,837	7,221	26	7,247	9,084	9,058
	22	1,118	4,642	11	4,653	5,771	5,760
	27	1,206	6,585	21	6,606	7,812	7,791
	30	1,036	6,931	21	6,952	7,988	7,967
届出	50	2,201	5,336	2	5,338	7,539	7,537
	55	1,999	4,961	2	4,963	6,962	6,961
	60	1,987	3,950	631	4,581	6,568	5,937
	平2	2,755	4,457	2.0	4,459	7,214	7,212
	7	2,511	3,569	1.2	3,570	6,081	6,080
	12	1,774	2,933	0.3	2,933	4,707	4,707
	17	1,592	2,894	0.3	2,894	4,486	4,486
	22	1,047	2,104	0.2	2,104	3,151	3,151
	27	1,078	2,739	0.2	2,739	3,817	3,817
	30	864	2,820	4	2,824	3,688	3,684
協議	平27						
	30		7		7	7	7
合計（許可・届出）	50	8,725	16,782	251	17,033	25,757	25,507
	55	6,810	14,578	190	14,768	21,578	21,388
	60	5,518	12,867	760	13,627	19,145	18,385
	平2	7,593	19,429	126	19,555	27,149	27,022
	7	5,492	15,732	87	15,818	21,311	21,224
	12	4,119	11,972	116	12,088	16,207	16,091
	17	3,429	10,115	26	10,141	13,570	13,544
	22	2,167	6,747	11	6,758	8,925	8,914
	27	2,285	9,324	21	9,345	11,629	11,609
	30	1,900	9,758	25	9,783	11,683	11,658

資料：農林水産省「農地の移動と転用（農地の権利移動・借賃等調査）」による。
注：50年以降沖縄県を含む。

② 用途別農地転用総面積
（4条及び5条該当以外を含む）

ア 平成10年まで

（単位：ha）

		住宅用地	工・鉱業用地	学校用地	公園・運動場用地	道路・水路・鉄道用地	その他の建物施設用地	植林その他	合計
4・5条許可・届出	45年	19,899	8,128	702	528	552	8,723	7,988	46,519
	50	10,611	3,460	95	116	283	5,508	5,435	25,507
	55	8,589	3,301	198	124	206	4,933	4,038	21,388
	60	6,683	3,618	140	134	166	4,831	2,813	18,385
	平2	8,015	5,859	160	145	176	7,941	4,727	27,022
	7	8,172	4,296	89	154	149	5,880	2,484	21,224
	10	6,362	3,638	83	115	123	5,371	2,294	17,986
4・5条以外	45年	611	611	467	360	7,168	940	458	10,615
	50	736	307	872	590	5,396	728	468	9,096
	55	248	120	659	486	6,184	890	804	9,390
	60	645	386	432	455	4,388	822	1,832	8,959
	平2	513	307	189	609	4,060	661	1,852	8,191
	7	552	166	119	814	3,793	782	1,519	7,745
	10	347	134	50	267	3,299	849	1,275	6,221
合計	45年	20,510	8,739	1,168	887	7,720	9,663	8,447	57,134
	50	11,346	3,766	966	706	5,678	6,236	5,903	34,603
	55	8,838	3,420	856	610	6,390	5,823	4,842	30,778
	60	7,328	4,003	572	589	4,554	5,653	4,644	27,344
	平2	8,528	6,166	349	754	4,235	8,602	6,579	35,214
	7	8,724	4,462	208	967	3,942	6,662	4,004	28,969
	10	6,710	3,772	132	382	3,422	6,220	3,569	24,206

イ 平成11年以降

		総数	住宅用地	公的施設用地	学校用地	公園・運動場用地	道水路・鉄道用地	工鉱業（工場）用地	商業サービス等用地	その他の業務用地	植林	その他
4・5条許可・届出	平11	16,298	6,102	565	82	64	85	716	1,686	5,589	994	646
	15	13,626	4,827	509	55	72	77	315	1,412	5,331	724	507
	20	11,222	4,335	208	17	33	51	439	1,056	4,205	480	498
	25	10,860	4,317	299	55	21	38	224	982	4,275	299	466
	30	11,651	3,937	248	61	29	33	423	914	5,934	181	15
協議	平25	1		1	1							
	30	7		7	2							
4・5条以外	平11	6,113	554	3,813	82	278	3,115	97	61	505	658	426
	15	4,341	275	2,349	46	137	2,082	48	38	611	446	573
	20	4,599	211	1,432	39	83	1,276	33	57	608	1,557	700
	25	2,942	221	1,121	8	78	995	27	40	446	386	701
	30	5,646	178	797	3	43	724	53	22	1,180	3,239	177
合計	平11	22,411	6,656	4,378	164	341	3,200	813	1,747	6,094	1,651	1,072
	15	17,966	5,102	2,859	101	209	2,159	364	1,450	5,941	1,170	1,081
	20	15,820	4,546	1,641	56	117	1,327	471	1,113	4,813	2,037	1,199
	25	13,803	4,538	1,421	64	99	1,033	251	1,022	4,721	685	1,167
	30	17,305	4,115	1,052	67	72	757	476	935	7,114	3,420	192

資料：農林水産省「農地の移動と転用（農地の権利移動・借賃等調査）」による。
注1：農地法4条及び5条の統制実績に、行政庁ベースで調査した4条及び5条該当以外の農地の転用を加えた農地転用総面積の内訳（採草放牧地を含まない）である。
注2：このほか、農業経営基盤強化促進法による「農業施設用地」への農地転用があり、平成19年には42 ha となっている。
注3：50年以降沖縄県を含む
注4：平成11年以降の調査から、転用の用途区分を変更した。

(3) 農地価格の推移（全国）

①　全国農業会議所調べ

	耕作目的の農地価格（都市計画の線引きのない市町村の農用地区域内）（単位：10アール当たり千円、%）		転用目的の農地価格（住宅用）（単位：3.3m²当たり円、%）					
			市街化区域内		調整区域内		都市計画の線引きのない市町村	
	田	畑	田	畑	田	畑	田	畑
昭35	(198)	(129)	−	−	−	−	−	−
40	(343)	(281)	−	−	−	−	−	−
45	(1,022)	(914)	−	−	−	−	−	−
50	914	677	75,492	80,923	32,386	33,593	18,453	17,414
	(8.8)	(7.5)	(5.8)	(4.8)	(4.5)	(4.8)	(12.1)	(10.7)
55	1,310	899	120,786	130,574	43,878	46,117	29,075	26,622
	(9.0)	(7.0)	(17.7)	(18.4)	(9.5)	(11.1)	(9.5)	(17.9)
60	1,658	1,129	173,571	187,466	60,514	62,515	39,946	37,418
	(3.4)	(3.6)	(3.4)	(2.5)	(3.1)	(3.7)	(3.4)	(3.2)
平2	1,873	1,260	291,146	332,832	98,898	104,032	49,237	46,028
	(5.1)	(5.4)	(18.3)	(18.8)	(20.2)	(17.1)	(8.6)	(8.8)
7	1,977	1,361	302,825	326,399	106,359	109,523	55,633	52,814
	(△1.3)	(△1.3)	(△3.6)	(△5.1)	(△2.4)	(△3.1)	(0.8)	(1.3)
12	1,748	1,210	251,342	269,927	95,740	97,552	55,383	53,106
	(△1.8)	(△1.6)	(△2.9)	(△2.7)	(△3.4)	(△7.5)	(0.8)	(0.8)
17	1,553	1,071	197,961	207,454	77,169	79,386	52,853	50,761
	(△2.5)	(△2.4)	(△5.8)	(△5.3)	(△4.7)	(△2.6)	(△1.7)	(2.8)
22	1,363	957	194,873	201,427	73,085	72,716	49,801	48,505
	(△1.8)	(△1.6)	(△2.5)	(△1.9)	(△2.3)	(△1.4)	(△1.4)	(△0.2)
27	1,270	924	171,063	173,232	65,609	63,169	45,928	44,415
	(△1.5)	(△1.4)	(0.8)	(1.4)	(△2.3)	(△3.1)	(0.1)	(△1.0)
令2	1,133	838	173,835	177,955	62,662	60,686	39,939	38,652
	(△1.4)	(△1.3)	(△0.2)	(△1.0)	(△0.4)	(△1.0)	(△4.2)	(△4.8)

資料：全国農業会議所「田畑売買価格等に関する調査」

注１：耕作目的の農地価格は農用地区域内の価格、ただし、35、40、45年の（　）内は全平均の耕作目的の農地価格。

注２：下段の（　）内は対前年上昇率である。

注３：50年以降は沖縄県を含む。

② 地域別の農地価格の推移
－都計法の線引きをしていない市町村の農用地区域内－

（10a当たり、千円、%）

	中田								中畑							
	昭和60	平成2	7	12	17	22	27	令和2	昭和60	平成2	7	12	17	22	27	令和2
全国計	1,658	1,873	1,977	1,748	1,533	1,363	1,270	1,133	1,129	1,260	1,361	1,210	1,071	957	924	838
	3.4	5.1	△1.3	△1.8	△2.5	△1.8	△1.5	△1.4	3.6	5.4	△1.3	△1.6	△2.4	△1.6	△1.4	△1.3
北海道	512	408	367	323	297	265	266	242	221	178	168	148	137	127	127	115
	△1.5	△1.7	△1.6	△4.1	△3.6	△3.1	△0.7	△0.4	△4.3	△4.8	△1.7	△3.9	△3.1	△0.3	△0.3	△1.0
東北	1,360	1,227	1,162	1,016	843	702	613	521	748	656	632	569	480	403	367	309
	1.3	△1.3	△0.8	△3.4	△3.9	△3.6	△2.3	△3.6	△0.1	△2.2	△0.6	△2.0	△5.0	△2.9	△1.8	△3.8
関東	1,917	2,346	2,562	2,245	2,029	1,782	1,647	1,393	1,816	2,224	2,467	2,169	2,009	1,783	1,744	1,529
	3.5	6.5	△1.9	△2.7	△2.3	△0.8	△0.9	△1.4	3.0	7.0	△1.3	△3.2	△1.1	△0.9	△0.6	△1.0
東海	1,958	2,602	3,120	2,760	2,506	2,360	2,455	2,249	1,685	2,195	2,723	2,380	2,151	2,143	2,215	2,048
	4.6	6.3	△0.1	△0.6	△2.0	△3.4	△1.7	△1.2	6.2	8.5	△1.4	△0.1	△2.5	△3.1	△1.5	△1.1
北信	1,739	1,998	2,263	2,069	1,880	1,606	1,486	1,323	1,131	1,266	1,456	1,358	1,181	1,042	980	908
	5.0	2.6	0.1	△1.8	△1.2	△1.2	△1.5	△1.1	△1.9	4.4	1.0	△1.0	△2.4	△1.1	△1.2	△1.2
近畿	2,340	3,420	3,238	2,792	2,435	2,239	2,230	1,942	1,560	2,289	2,126	1,844	1,579	1,529	1,458	1,396
	3.0	21.8	△4.2	△1.6	△3.0	△0.1	△0.8	△0.3	5.4	28.1	△5.0	△1.4	△3.1	△0.1	△1.3	△0.4
中国	942	1,011	1,097	1,014	926	858	785	693	551	558	613	567	512	476	465	410
	3.3	1.9	△0.8	△2.3	△4.1	△1.4	△1.7	△1.4	2.8	2.4	0.5	△3.3	△4.2	△1.1	△2.1	△1.6
四国	2,437	2,585	2,732	2,381	2,147	1,957	1,768	1,696	1,356	1,433	1,496	1,268	1,131	1,031	994	955
	2.8	4.0	△0.6	△2.3	△2.9	△3.1	△1.5	△1.2	3.2	3.4	0.7	△3.3	△2.7	△2.3	△1.8	△1.0
九州	1,636	1,570	1,516	1,325	1,169	1,039	921	825	1,091	1,029	1,014	884	776	688	615	572
	2.9	△0.6	△0.7	△3.4	△3.3	△1.4	△1.9	△2.2	△2.6	△0.7	△0.6	△3.5	△4.1	△0.8	△1.9	△1.6
沖縄	891	756	1,064	1,019	942	906	924	826	909	1,374	1,536	1,415	1,207	1,133	1,294	1,086
	6.3	1.6	△1.2	△3.9	△2.4	0.0	△4.9	△2.5	6.6	7.8	△0.7	△8.1	0.5	△1.7	△1.1	△1.7

資料：全国農業会議所「田畑売買価格等に関する調査」
注１：上段は10a当たり価格、下段は対前年上昇率。
注２：変動率は平成24年より当年と比較対照可能な前年データのみ対象に算定。

⑷　借賃の推移

①　日本不動産研究所調べ（３月末現在）

（単位：10アール当たり円）

	昭和40年	50年	60年	平成７年	22年	27年	令和２年
普通田	3,122	9,166	23,866	19,817	11,560	9,565	8,791
普通畑	1,731	4,054	11,293	9,527	5,821	5,297	5,014

資料：日本不動産研究所「田畑価格及び賃借料調」

②　水田実納小作料の地域別動向（５月１日現在）

（単位：円／10a、％）

	平成２年	７年	12年	17年	21年	22年
全　国	（△ 2.1） 27,092	（△ 3.6） 24,961	（△ 3.5） 21,006	（△ 5.4） 16,347	（△ 1.1） 13,952	13,860
都府県	（△ 1.9） 27,405	（△ 4.1） 25,339	（△ 3.3） 21,308	（△ 5.9） 16,513	（△ 0.9） 14,093	13,873
北海道	（△ 1.6） 24,147	（△ 0.3） 21,478	（△ 4.3） 17,791	（△ 2.5） 13,878	（ 4.3） 12,314	11,094
東　北	（△ 1.7） 36,069	（△ 3.9） 33,144	（△ 2.2） 27,556	（△ 6.7） 23,542	（△ 5.6） 16,776	15,053
関　東	（ 9.0） 28,056	（△4.8） 26,077	（△ 2.6） 23,018	（△ 5.8） 17,788	（ 2.4） 16,275	14,549
東　海	（△ 1.5） 18,280	（△ 3.9） 16,792	（△ 2.1） 14,230	（△ 2.2） 12,281	（ 1.9） 11,165	10,851
北　信	（△ 6.4） 30,030	（△ 2.2） 30,719	（△ 6.3） 23,421	（△ 4.6） 19,476	（△ 0.6） 15,301	16,216
近　畿	（ 0.7） 20,574	（△ 2.4） 18,740	（△ 7.8） 15,025	（△ 5.1） 11,363	（ 2.3） 10,095	9,496
中　国	（△ 4.7） 19,814	（△ 2.6） 18,346	（△ 8.0） 13,921	（△ 3.5） 10,583	（△ 4.2） 8,511	7,662
四　国	（ 1.1） 28,013	（△ 2.5） 24,827	（△ 4.6） 19,761	（△ 5.6） 15,476	（△ 7.6） 12,121	11,282
九　州	（△ 3.2） 28,274	（△ 2.2） 24,202	（△ 1.9） 21,216	（△ 3.6） 17,607	（ 1.1） 15,780	14,185
沖　縄	（ 9.1） 5,945	（△ 0.0） 6,137	（△ 0.6） 6,218	（△ 2.0） 5,804	（△ 0.7） 5,876	12,155

資料：全国農業会議所「水田の小作料の実態に関する調査結果」

注１：（　）内は対前年調査からの変動率である。

注２：「東海」とは、岐阜県、静岡県、愛知県、三重県。「北信」とは、新潟県、富山県、石川県、福井県、長野県。

注３：都府県は、沖縄県を含まない。

注４：平成22年からは、借賃の情報による。

(5) 農地所有適格法人数の概要

① 組織形態別

（単位：法人）

<table>
<tr><th rowspan="2"></th><th rowspan="2">総数</th><th rowspan="2">農事組合法人</th><th>株式会社</th><th>有限会社</th><th rowspan="2">合名会社</th><th rowspan="2">合資会社</th><th rowspan="2">合同会社</th></tr>
<tr><th></th><th></th></tr>
<tr><td>昭和45</td><td>2,740</td><td>1,144</td><td>－</td><td>1,569</td><td>3</td><td>24</td><td>－</td></tr>
<tr><td>55</td><td>3,179</td><td>1,157</td><td>－</td><td>2,001</td><td>3</td><td>18</td><td>－</td></tr>
<tr><td>平成2</td><td>3,816</td><td>1,626</td><td>－</td><td>2,167</td><td>7</td><td>16</td><td>－</td></tr>
<tr><td>7</td><td>4,150</td><td>1,335</td><td>－</td><td>2,797</td><td>4</td><td>14</td><td>－</td></tr>
<tr><td>12</td><td>5,889</td><td>1,496</td><td>－</td><td>4,366</td><td>5</td><td>22</td><td>－</td></tr>
<tr><td>17</td><td>7,904</td><td>1,782</td><td>120</td><td>5,961</td><td>8</td><td>33</td><td>－</td></tr>
<tr><td rowspan="3">22</td><td rowspan="3">11,829</td><td rowspan="3">3,056</td><td colspan="2">株式会社</td><td rowspan="3">12</td><td rowspan="3">44</td><td rowspan="3">114</td></tr>
<tr><td>特例有限会社を除く</td><td>特例有限会社</td></tr>
<tr><td>1,696</td><td>6,907</td></tr>
<tr><td>27</td><td>15,106</td><td>4,111</td><td>4,245</td><td>6,427</td><td colspan="3">323</td></tr>
<tr><td>31</td><td>19,213</td><td>5,489</td><td>6,862</td><td>6,277</td><td colspan="3">585</td></tr>
</table>

資料：農林水産省経営局調べ（各年１月１日現在）

② 主要業種別

（単位：法人数、％）

<table>
<tr><th></th><th>総数</th><th>米麦作</th><th>果樹</th><th>畜産</th><th>そ菜</th><th>工芸作物</th><th>養蚕</th><th>花き・花木</th><th>その他</th></tr>
<tr><td>昭和45</td><td>2,740</td><td>806</td><td>871</td><td>749</td><td>40</td><td>54</td><td>119</td><td>－</td><td>101</td></tr>
<tr><td>55</td><td>3,179</td><td>743</td><td>700</td><td>1,103</td><td>103</td><td>137</td><td>80</td><td>－</td><td>313</td></tr>
<tr><td>平成2</td><td>3,816</td><td>558</td><td>592</td><td>1,564</td><td>216</td><td>266</td><td>78</td><td>－</td><td>542</td></tr>
<tr><td>7</td><td>4,150</td><td>803</td><td>523</td><td>1,510</td><td>293</td><td>283</td><td>18</td><td>－</td><td>720</td></tr>
<tr><td>12</td><td>5,889</td><td>1,275</td><td>606</td><td>1,803</td><td>567</td><td>307</td><td>5</td><td>560</td><td>766</td></tr>
<tr><td>17</td><td>7,904</td><td>1,953</td><td>683</td><td>2,216</td><td>988</td><td>219</td><td>－</td><td>787</td><td>1,058</td></tr>
<tr><td>22</td><td>11,829</td><td>4,053</td><td>865</td><td>2,477</td><td>1,838</td><td>460</td><td>－</td><td>828</td><td>1,308</td></tr>
<tr><td>27</td><td>15,106</td><td>6,021</td><td>1,124</td><td>2,656</td><td>2,914</td><td colspan="4">2,391</td></tr>
<tr><td>31
（構成比％）</td><td>19,213
(100)</td><td>8,314
(43)</td><td>1,312
(7)</td><td>3,264
(17)</td><td>3,635
(19)</td><td colspan="4">2,688
(14)</td></tr>
</table>

資料：農林水産省経営局調べ（各年１月１日現在）
注１：業種区分は、主たる（粗収益の50％以上）作物とする。いずれも50％に満たないものは「その他」とする。
注２：業種別の区分について、「花き・花木」は平成８年以前、「養蚕」は平成14年以降は区分していない。

Ⅲ　許可申請書の様式等

1　農地法第３条関係

2　農地法第４条及び第５条関係

3　農地法第18条関係

1　農地法第３条関係

（様式例第１号の１）

農地法第３条の規定による許可申請書

令和　　年　　月　　日

農業委員会会長　殿

当事者

＜譲渡人＞　　　　　　＜譲受人＞

住所　　　　　　　　　住所

氏名　　　　　　　　　氏名

下記農地（採草放牧地）について
{ 所有権
賃借権
使用貸借による権利
その他使用収益権（　　　　）}
を { 設定（期間○○年間）
移転 }

したいので、農地法第３条第１項に規定する許可を申請します。（該当する内容に○を付してください。）

記

1　当事者の氏名等

当事者	氏名	年齢	職業	住所
譲渡人				
譲受人				

2　許可を受けようとする土地の所在等（土地の登記事項証明書を添付してください。）

所在・地番	地目		面積(㎡)	対価、賃料等の額(円)［10a当たりの額］	所有者の氏名又は名称［現所有者の氏名又は名称（登記簿と異なる場合）］	所有権以外の使用収益権が設定されている場合	
	登記簿	現況				権利の種類、内容	権利者の氏名又は名称
				［　／10a］	［　］		

3　権利を設定し、又は移転しようとする契約の内容

Ⅲ　許可申請書の様式等

（記載要領）

1　法人である場合は、住所は主たる事務所の所在地を、氏名は法人の名称及び代表者の氏名をそれぞれ記載し、定款又は寄付行為の写しを添付（独立行政法人及び地方公共団体を除く。）してください。

2　競売、民事調停等による単独行為での権利の設定又は移転である場合は、当該競売、民事調停等を証する書面を添付してください。

3　記の3は、権利を設定又は移転しようとする時期、土地の引渡しを受けようとする時期、契約期間等を記載してください。また、水田裏作の目的に供するための権利を設定しようとする場合は、水田裏作として耕作する期間の始期及び終期並びに当該水田の表作及び裏作の作付に係る事業の概要を併せて記載してください。

農地法第３条の規定による許可申請書（別添）

I　一般申請記載事項

＜農地法第３条第２項第１号関係＞

１－１　権利を取得しようとする者又はその世帯員等が所有権等を有する農地及び採草放牧地の利用の状況

		農地面積（㎡）	田	畑	樹園地	採草放牧地面積（㎡）
所有地	自作地					
	貸付地					
		所在・地番	地目		面積（㎡）	状況・理由
			登記簿	現況		
	非耕作地					

		農地面積（㎡）	田	畑	樹園地	採草放牧地面積（㎡）
所有地以外の土地	借入地					
	貸付地					
		所在・地番	地目		面積（㎡）	状況・理由
			登記簿	現況		
	非耕作地					

（記載要領）

１　「自作地」、「貸付地」及び「借入地」には、現に耕作又は養畜の事業に供されているものの面積を記載してください。

なお、「所有地以外の土地」欄の「貸付地」は、農地法第３条第２項第６号の括弧書きに該当する土地です。

２　「非耕作地」には、現に耕作又は養畜の事業に供されていないものについて、筆ごとに面積等を記載するとともに、その状況・理由として、「賃借人○○が○年間耕作を放棄している」、「～であることから条件不利地であり、○年間休耕中であるが、草刈り・耕起等の農地としての管理を行っている」等耕作又は養畜の事業に供することができない事情等を詳細に記載してください。

1－2　権利を取得しようとする者又はその世帯員等の機械の所有の状況、農作業に従事する者の数等の状況

(1) 作付(予定)作物、作物別の作付面積

	田	畑			樹園地			採草放牧地
作付(予定)作物								
権利取得後の面積(㎡)								

(2) 大農機具又は家畜

種類／数量					
確保しているもの　所有 リース					
導入予定のもの　所有 リース (資金繰りについて)					

(記載要領)

1　「大農機具」とは、トラクター、耕うん機、自走式の田植機、コンバイン等です。「家畜」とは、農耕用に使役する牛、馬等です。

2　導入予定のものについては、自己資金、金融機関からの借入れ(融資を受けられることが確実なものに限る。)等資金繰りについても記載してください。

(3) 農作業に従事する者

①　権利を取得しようとする者が個人である場合には、その者の農作業経験等の状況
農作業暦○○年、農業技術修学暦○○年、その他（　　　　　　　　　　　　　　　）

②　世帯員等その他常時雇用している労働力(人)	現在：	(農作業経験の状況：　　　　　　　　)
	増員予定：	(農作業経験の状況：　　　　　　　　)
③　臨時雇用労働力(年間延人数)	現在：	(農作業経験の状況：　　　　　　　　)
	増員予定：	(農作業経験の状況：　　　　　　　　)

④　①～③の者の住所地、拠点となる場所等から権利を設定又は移転しようとする土地までの平均距離又は時間

<農地法第３条第２項第２号関係>（権利を取得しようとする者が農地所有適格法人である場合のみ記載してください。）

２　その法人の構成員等の状況（別紙に記載し、添付してください。）

<農地法第３条第２項第３号関係>

３　信託契約の内容（信託の引受けにより権利が取得される場合のみ記載してください。）

<農地法第３条第２項第４号関係>（権利を取得しようとする者が個人である場合のみ記載してください。）

４　権利を取得しようとする者又はその世帯員等のその行う耕作又は養畜の事業に必要な農作業への従事状況

（「世帯員等」とは、住居及び生計を一にする親族並びに当該親族の行う耕作又は養畜の事業に従事するその他の２親等内の親族をいいます。）

農作業に従事する者の氏名	年齢	主たる職業	権利取得者との関係（本人又は世帯員等）	農作業への年間従事日数	備考

（記載要領）

備考欄には、農作業への従事日数が年間150日に達する者がいない場合に、その農作業に従事する者が、その行う耕作又は養畜の事業に必要な行うべき農作業がある限りこれに従事している場合は○を記載してください。

<農地法第３条第２項第５号関係>

５-１　権利を取得しようとする者又はその世帯員等の権利取得後における経営面積の状況（一般）

(1)　権利取得後において耕作の事業に供する農地の面積の合計

（権利を有する農地の面積＋権利を取得しようとする農地の面積）＝　　　　　（㎡）

(2)　権利取得後において耕作又は養畜の事業に供する採草放牧地の面積の合計

（権利を有する採草放牧地の面積＋権利を取得しようとする採草放牧地の面積）＝　　　　　（㎡）

5－2　権利を取得しようとする者又はその世帯員等の権利取得後における経営面積の状況（特例）
以下のいずれかに該当する場合は、５－１を記載することに代えて該当するものに印を付してください。

□　権利の取得後における耕作の事業は、草花等の栽培でその経営が集約的に行われるものである。

□　権利を取得しようとする者が、農業委員会のあっせんに基づく農地又は採草放牧地の交換によりその権利を取得しようとするものであり、かつ、その交換の相手方の耕作の事業に供すべき農地の面積の合計又は耕作若しくは養畜の事業に供すべき採草放牧地の面積の合計が、その交換による権利の移転の結果所要の面積を下ることとならない。
（「所要の面積」とは、北海道で２ha、都府県で50ａです。ただし、農業委員会が別に定めた面積がある場合は当該面積です。）

□　本件権利の設定又は移転は、その位置、面積、形状等からみてこれに隣接する農地又は採草放牧地と一体として利用しなければ利用することが困難と認められる農地又は採草放牧地につき、当該隣接する農地又は採草放牧地を現に耕作又は養畜の事業に供している者が権利を取得するものである。

＜農地法第３条第２項第６号関係＞
6　農地又は採草放牧地につき所有権以外の権原に基づいて耕作又は養畜の事業を行う者（賃借人等）が、その土地を貸し付け、又は質入れしようとする場合には、以下のうち該当するものに印を付してください。

□　賃借人等又はその世帯員等の死亡等によりその土地について耕作、採草又は家畜の放牧をすることができないため一時貸し付けようとする場合である。

□　賃借人等がその土地をその世帯員等に貸し付けようとする場合である。

□　その土地を水田裏作（田において稲を通常栽培する期間以外の期間稲以外の作物を栽培すること。）の目的に供するため貸し付けようとする場合である。
（表作の作付内容＝　　　　　　　、裏作の作付内容＝　　　　　　　）

□　農地所有適格法人の常時従事者たる構成員がその土地をその法人に貸し付けようとする場合である。

<農地法第３条第２項第７号関係>

７　周辺地域との関係

権利を取得しようとする者又はその世帯員等の権利取得後における耕作又は養畜の事業が、権利を設定し、又は移転しようとする農地又は採草放牧地の周辺の農地又は採草放牧地の農業上の利用に及ぼすことが見込まれる影響を以下に記載してください。

（例えば、集落営農や経営体への集積等の取組への支障、農薬の使用方法の違いによる耕作又は養畜の事業への支障等について記載してください。）

Ⅱ　使用貸借又は賃貸借に限る申請での追加記載事項

権利を取得しようとする者が、農地所有適格法人以外の法人である場合、又は、その者又はその世帯員等が農作業に常時従事しない場合には、Ⅰの記載事項に加え、以下も記載してください。

（留意事項）

農地法第３条第３項第１号に規定する条件その他適正な利用を確保するための条件が記載されている契約書の写しを添付してください。また、当該契約書には、「賃貸借契約が終了したときは、乙は、その終了の日から〇〇日以内に、甲に対して目的物を原状に復して返還する。乙が原状に復することができないときは、乙は甲に対し、甲が原状に復するために要する費用及び甲に与えた損失に相当する金額を支払う。」、「甲の責めに帰さない事由により賃貸借契約を終了させることとなった場合には、乙は、甲に対し賃借料の〇年分に相当する金額を違約金として支払う。」等を明記することが適当です。

<農地法第３条第３項第２号関係>

８　地域との役割分担の状況

地域の農業における他の農業者との役割分担について、具体的にどのような場面でどのような役割分担を担う計画であるかを以下に記載してください。

（例えば、農業の維持発展に関する話合い活動への参加、農道、水路、ため池等の共同利用施設の取決めの遵守、獣害被害対策への協力等について記載してください。）

Ⅲ　許可申請書の様式等

＜農地法第３条第３項第３号関係＞（権利を取得しようとする者が法人である場合のみ記載してください。）

9　その法人の業務を執行する役員のうち、その法人の行う耕作又は養畜の事業に常時従事する者の氏名及び役職名並びにその法人の行う耕作又は養畜の事業への従事状況

(1) 氏名
(2) 役職名
(3) その者の耕作又は養畜の事業への従事状況
　その法人が耕作又は養畜の事業（労務管理や市場開拓等も含む。）を行う期間：年　　か月
　そのうちその者が当該事業に参画・関与している期間：年　　か月（直近の実績）
　　　　　　　　　　　　　　　　　　　　　　　　　年　　か月（見込み）

Ⅲ　特殊事由により申請する場合の記載事項

10　以下のいずれかに該当する場合は、該当するものに印を付し、Ⅰの記載事項のうち指定の事項を記載するとともに、それぞれの事業・計画の内容を「事業・計画の内容」欄に記載してください。

(1) 以下の場合は、Ⅰの記載事項全ての記載が不要です。

□　その取得しようとする権利が地上権（民法（明治29年法律第89号）第269条の２第１項の地上権）又はこれと内容を同じくするその他の権利である場合
（事業・計画の内容に加えて、周辺の土地、作物、家畜等の被害の防除施設の概要と関係権利者との調整の状況を「事業・計画の内容」欄に記載してください。）

□　農業協同組合法（昭和22年法律第132号）第10条第２項に規定する事業を行う農業協同組合若しくは農業協同組合連合会が、同項の委託を受けることにより農地又は採草放牧地の権利を取得しようとする場合、又は、農業協同組合若しくは農業協同組合連合会が、同法第11条の31第１項第１号に掲げる場合において使用貸借による権利若しくは賃借権を取得しようとする場合

□　権利を取得しようとする者が景観整備機構である場合
（景観法（平成16年法律第110号）第56条第２項の規定により市町村長の指定を受けたことを証する書面を添付してください。）

(2) 以下の場合は、Ⅰの１－２(効率要件)、２(農地所有適格法人要件)、５(下限面積要件)以外の記載事項を記載してください。

□　権利を取得しようとする者が法人であって、その権利を取得しようとする農地又は採草放牧地における耕作又は養畜の事業がその法人の主たる業務の運営に欠くことのできない試験研究又は農事指導のために行われると認められる場合

□　地方公共団体（都道府県を除く。）がその権利を取得しようとする農地又は採草放牧地を公用又は公共用に供すると認められる場合

□　教育、医療又は社会福祉事業を行うことを目的として設立された学校法人、医療法人、社会福祉法人その他の営利を目的としない法人が、その権利を取得しようとする農地又は採草放牧地を当該目的に係る業務の運営に必要な施設の用に供すると認められる場合

□　独立行政法人農林水産消費安全技術センター、独立行政法人種苗管理センター又は独立行政法人家畜改良センターがその権利を取得しようとする農地又は採草放牧地をその業務の運営に必要な施設の用に供すると認められる場合

(3) 以下の場合は、Ｉの２(農地所有適格法人要件)、５(下限面積要件)以外の記載事項を記載してください。

□　農業協同組合、農業協同組合連合会又は農事組合法人（農業の経営の事業を行うものを除く。）がその権利を取得しようとする農地又は採草放牧地を稚蚕共同飼育の用に供する桑園その他これらの法人の直接又は間接の構成員の行う農業に必要な施設の用に供すると認められる場合

□　森林組合、生産森林組合又は森林組合連合会がその権利を取得しようとする農地又は採草放牧地をその行う森林の経営又はこれらの法人の直接若しくは間接の構成員の行う森林の経営に必要な樹苗の採取又は育成の用に供すると認められる場合

□　乳牛又は肉用牛の飼養の合理化を図るため、その飼養の事業を行う者に対してその飼養の対象となる乳牛若しくは肉用牛を育成して供給し、又はその飼養の事業を行う者の委託を受けてその飼養の対象となる乳牛若しくは肉用牛を育成する事業を行う一般社団法人又は一般財団法人が、その権利を取得しようとする農地又は採草放牧地を当該事業の運営に必要な施設の用に供すると認められる場合

（留意事項）

上述の一般社団法人又は一般財団法人は、以下のいずれかに該当するものに限ります。該当していることを証する書面を添付してください。

- その行う事業が上述の事業及びこれに附帯する事業に限られている一般社団法人で、農業協同組合、農業協同組合連合会、地方公共団体その他農林水産大臣が指定した者の有する議決権の数の合計が議決権の総数の４分の３以上を占めるもの
- 地方公共団体の有する議決権の数が議決権の総数の過半を占める一般社団法人又は地方公共団体の拠出した基本財産の額が基本財産の総額の過半を占める一般財団法人

□　東日本高速道路株式会社、中日本高速道路株式会社又は西日本高速道路株式会社がその権利を取得しようとする農地又は採草放牧地をその事業に必要な樹苗の育成の用に供すると認められる場合

（事業・計画の内容）

農地所有適格法人としての事業等の状況（別紙）

＜農地法第２条第３項第１号関係＞

１－１　事業の種類

区分	農業		左記農業に該当しない事業の内容
	生産する農畜産物	関連事業等の内容	
現在（実績又は見込み）			
権利取得後（予定）			

１－２　売上高

年度	農業	左記農業に該当しない事業
３年前（実績）		
２年前（実績）		
１年前（実績）		
申請日の属する年（実績又は見込み）		
２年目（見込み）		
３年目（見込み）		

＜農地法第２条第３項第２号関係＞

２　構成員全ての状況

(1)　農業関係者(権利提供者、常時従事者、農作業委託者、農地中間管理機構、地方公共団体、農業協同組合、投資円滑化法に基づく承認会社等)

氏名又は名称	議決権の数	構成員が個人の場合は以下のいずれかの状況				
		農地等の提供面積(㎡)		農業への年間従事日数		農作業委託の内容
		権利の種類	面積	直近実績	見込み	

議決権の数の合計	
農業関係者の議決権の割合	

その法人の行う農業に必要な年間総労働日数：　　日

(2)　農業関係者以外の者（(1)以外の者）

氏名又は名称	議決権の数

議決権の数の合計	
農業関係者以外の者の議決権の割合	

(留意事項)

構成員であることを証する書面として、組合員名簿又は株主名簿の写しを添付してください。

なお、農業法人に対する投資の円滑化に関する特別措置法（平成14年法律第52号）第５条に規定する承認会社を構成員とする農地所有適格法人である場合には、「その構成員が承認会社であることを証する書面」及び「その構成員の株主名簿の写し」を添付してください。

Ⅲ　許可申請書の様式等

<農地法第２条第３項第３号及び４号関係>

３　理事、取締役又は業務を執行する社員全ての農業への従事状況

氏名	住所	役職	農業への年間従事日数		必要な農作業への年間従事日数	
			直近実績	見込み	直近実績	見込み

４　重要な使用人の農業への従事状況

氏名	住所	役職	農業への年間従事日数		必要な農作業への年間従事日数	
			直近実績	見込み	直近実績	見込み

（４については、３の理事等のうち、法人の農業に常時従事する者（原則年間150日以上）であって、かつ、必要な農作業に農地法施行規則第８条に規定する日数（原則年間60日）以上従事する者がいない場合にのみ記載してください。）

（記載要領）

1　「農業」には、以下に掲げる「関連事業等」を含み、また、農作業のほか、労務管理や市場開拓等も含みます。

(1) その法人が行う農業に関連する次に掲げる事業

ア　農畜産物を原料又は材料として使用する製造又は加工

イ　農畜産物若しくは林産物を変換して得られる電気又は農畜産物若しくは林産物を熱源とする熱の供給

ウ　農畜産物の貯蔵、運搬又は販売

エ　農業生産に必要な資材の製造

オ　農作業の受託

カ　農村滞在型余暇活動に利用される施設の設置及び運営並びに農村滞在型余暇活動を行う者を宿泊させること等農村滞在型余暇活動に必要な役務の提供

キ　農地に支柱を立てて設置する太陽光を電気に変換する設備の下で耕作を行う場合における当該設備による電気の供給

(2) 農業と併せ行う林業

(3) 農事組合法人が行う共同利用施設の設置又は農作業の共同化に関する事業

2　「1－1事業の種類」の「生産する農畜産物」欄には、法人の生産する農畜産物のうち、粗収益の50%を超えると認められるものの名称を記載してください。なお、いずれの農畜産物の粗収益も50%を超えない場合には、粗収益の多いものから順に3つの農畜産物の名称を記載してください。

3　「1－2売上高」の「農業」欄には、法人の行う耕作又は養畜の事業及び関連事業等の売上高の合計を記載し、それ以外の事業の売上高については、「左記農業に該当しない事業」欄に記載してください。

「1年前」から「3年前」の各欄には、その法人の決算が確定している事業年度の売上高の許可申請前3事業年度分をそれぞれ記載し（実績のない場合は空欄）、「申請日の属する年」から「3年目」の各欄には、権利を取得しようとする農地等を耕作又は養畜の事業に供することとなる日を含む事業年度を初年度とする3事業年度分の売上高の見込みをそれぞれ記載してください。

4　「2(1)農業関係者」には、農業法人に対する投資の円滑化に関する特別措置法第5条に規定する承認会社が法人の構成員に含まれる場合には、その承認会社の株主の氏名又は名称及び株主ごとの議決権の数を記載してください。

複数の承認会社が構成員となっている法人にあっては、承認会社ごとに区分して株主の状況を記載してください。

5　農地中間管理機構を通じて法人に農地等を提供している者が法人の構成員となっている場合、「2(1)農業関係者」の「農地等の提供面積（㎡）」の「面積」欄には、その構成員が農地中間管理機構に使用貸借による権利又は賃借権を設定している農地等のうち、当該農地中間管理機構が当該法人に使用貸借による権利又は賃借権を設定している農地等の面積を記載してください。

Ⅲ　許可申請書の様式等

（様式例第３号の１）

農地法第３条の３の規定による届出書

令和　　年　　月　　日

農業委員会会長　殿

住所
氏名

下記農地（採草放牧地）について、〇〇により〇〇を取得したので、農地法第３条の３の規定により届け出ます。

記

１　権利を取得した者の氏名等

氏　名	住　所

２　届出に係る土地の所在等

所在・地番	地　目		面積（㎡）	備　考
	登記簿	現況		

３　権利を取得した日
　令和　　年　　月　　日

４　権利を取得した事由

５　取得した権利の種類及び内容

６　農業委員会によるあっせん等の希望の有無

（記載要領）

1　本文には権利を取得した事由及び権利の種類を記載してください。

2　法人である場合は、住所は主たる事務所の所在地を、氏名は法人の名称及び代表者の氏名をそれぞれ記載してください。

3　権利を取得した者が連名で届出をする場合は、届出者の住所及び氏名をそれぞれ記載してください。また、記の1の「権利を取得した者の氏名等」は必要に応じ、行を追加をしてください。

4　記の2の「届出に係る土地の所在等」の備考欄には、登記簿上の所有名義人と現在の所有者が異なるときに登記簿上の所有者を記載してください。

5　記の4の「権利を取得した事由」には、相続(遺産分割、包括遺贈及び相続人に対する特定遺贈を含む)、法人の合併・分割、時効等の権利を取得した事由の別を記載してください。

6　記の5の「取得した権利の種類及び内容」には、取得した権利が所有権の場合は、現在の耕作の状況、使用収益権の設定(見込み)の有無等を記載し、取得した権利が所有権以外の場合は、現在の耕作の状況、賃借料、契約期間等を記載してください。また、共有物として農地又は採草放牧地の権利を取得した場合であって、届出者以外にも共有者がいるときは、その人数を記載してください。なお、人数がわからない場合は、その旨を記載してください。

7　記の6の「農業委員会によるあっせん等の希望の有無」には、権利を取得した農地又は採草放牧地について、第三者への所有権の移転又は賃借権の設定等の農業委員会によるあっせん等を希望するかどうかを記載してください。

Ⅲ　許可申請書の様式等

（様式例第１号の４）

農地法第３条第１項第14号の２の規定による届出書

令和　　年　　月　　日

農業委員会会長　殿

届出人（譲受人）
　主たる事務所の所在地
　農地中間管理機構の名称及び代表者氏名

譲渡人　　　住所
　　　　　　氏名

下記農地（採草放牧地）に農地中間管理権を取得したいので、農地法第３条第１項第14号の２の規定により届け出ます。

記

１　当事者の氏名等

当事者	氏名	住所	備　考
譲渡人			
譲受人			

２　届出に係る土地の所在等

<table>
<tr><th rowspan="2">所在・地番</th><th colspan="2">地　目</th><th rowspan="2">面積
（㎡）</th><th rowspan="2">所有者
氏　名</th><th colspan="2">所有権以外の使用及び収益を目的とする権利が設定されている場合</th><th rowspan="2">備　考</th></tr>
<tr><th>登記簿</th><th>現況</th><th>権利者の氏名</th><th>権利の種類、内容</th></tr>
<tr><td></td><td></td><td></td><td></td><td></td><td></td><td></td><td></td></tr>
</table>

３　取得しようとする農地中間管理権の種別（以下のうち該当するものに印を付してください。）

□　賃借権
□　使用貸借による権利
□　所有権（農地等を貸付けの方法により運用することを目的とする信託の引受けにより取得するもの）

４　農地中間管理権の取得に係る契約の内容

（記載要領）

１　記の２の「届出に係る土地の所在等」の備考欄には、登記簿上の所有名義人と現在の所有者が異なるときに登記簿上の所有者を記載してください。
２　記の３の「取得しようとする中間管理権の種別」には該当する権利にレ点を記載してください。
３　記の４の「農地中間管理権の取得に係る契約の内容」は、権利を設定又は移転しようとする時期、対価、賃借料等の給付の種類及び額、契約期間等を記載してください。

2　農地法第４条及び第５条関係

（様式例第４号の１）

農地法第４条第１項の規定による許可申請書

令和　　年　　月　　日

都道府県知事
市町村長　殿

申請者　氏名

下記のとおり農地を転用したいので、農地法第４条第１項の規定により許可を申請します。

記

	住　　所	職　　業
１申請者の住所等	都道府県　郡市　町村　番地	

	土地の所在	地　番	地目		面積	利用状況	10ａ当たり普通収穫高	耕作者の氏　名	市街化区域・市街化調整区域・その他の区域の別
２許可を受けようとする土地の所在等			登記簿	現況					
	郡　町 市　村				㎡				
	計　㎡（田　㎡、畑　㎡）								

３転用計画	(1)転用事由の詳細	用　途	事由の詳細
	(2)事業の操業期間又は施設の利用期間	年　　月　　日から　　年間	

	工事計画	第１期（着工　年月日から年月日まで）				第２期		合　　計		
(3)転用の時期及び転用の目的に係る事業又は施設の概要		名　称	棟　数	建築面積	所要面積			棟　数	建築面積	所要面積
	土地造成				㎡					㎡
	建築物			㎡					㎡	
	小　計									
	工作物									
	小　計									
	計									

４資金調達についての計画	
５転用することによって生ずる付近の土地・作物・家畜等の被害防除施設の概要	
６その他参考となるべき事項	

（記載要領）

1　申請者が法人である場合には、「氏名」欄にその名称及び代表者の氏名を、「住所」欄にその主たる事務所の所在地を、「職業」欄にその業務の内容を、それぞれ記載してください。

2　「利用状況」欄には、田にあっては二毛作又は一毛作の別、畑にあっては普通畑、果樹園、桑園、茶園、牧草畑又はその他の別を記載してください。

3　「市街化区域・市街化調整区域・その他の区域の別」欄には、申請に係る土地が都市計画法による市街化区域、市街化調整区域又はこれら以外の区域のいずれに含まれているかを記載してください。

4　「転用の時期及び転用の目的に係る事業又は施設の概要」欄には、工事計画が長期にわたるものである場合には、できる限り工事計画を６か月単位で区分して記載してください。

5　申請に係る土地が市街化調整区域内にある場合には、転用行為が都市計画法第29条の開発許可及び同法第43条第１項の建築許可を要しないものであるときはその旨並びに同法第29条及び第43条第１項の該当する号を、転用行為が当該開発許可を要するものであるときはその旨及び同法第34条の該当する号を、転用行為が当該建築許可を要するものであるときは、その旨及び建築物が同法第34条第１号から第10号まで又は都市計画法施行令第36条第１項第３号ロからホまでのいずれの建築物に該当するかを、転用行為が開発行為及び建築行為のいずれも伴わないものであるときは、その旨及びその理由を、それぞれ「その他参考となるべき事項」欄に記載してください。

（様式例第４号の２）

農地法第５条第１項の規定による許可申請書

令和　　年　　月　　日

都道府県知事
市町村長　　殿

譲受人　氏名
譲渡人　氏名

下記のとおり転用のため農地（採草放牧地）の権利を設定（移転）したいので、農地法第５条第１項の規定により許可を申請します。

記

1当事者の住所等	当事者の別	氏　名	住　　所	職　　業
	譲　受　人		都道府県　　郡市　　町村　　番地	
	譲　渡　人		都道府県　　郡市　　町村　　番地	

2許可を受けようとする土地の所在等	土地の所在	地　番	地目 登記簿	地目 現況	面積	利用状況	10a当たり普通収穫高	所有権以外の使用収益権が設定されている場合 権利の種類	所有権以外の使用収益権が設定されている場合 権利者の氏名又は名称	市街化区域・市街化調整区域・その他の区域の別
	郡市　町村				㎡					
	計　　㎡（田　　㎡、畑　　㎡、採草放牧地　　㎡）									

3転用計画		
(1)転用の目的		(2)権利を設定し又は移転しようとする理由の詳細
(3)事業の操業期間又は施設の利用期間	年　　月　　日から　　　年間	

(4)転用の時期及び転用の目的に係る事業又は施設の概要

工事計画	第１期（着工 年月日から年月日まで） 名　称	棟　数	建築面積	所要面積	第２期		合計 棟　数	合計 建築面積	合計 所要面積
土地造成				㎡					㎡
建築物			㎡					㎡	
小　計									
工作物									
小　計									
計									

4権利を設定し又は移転しようとする契約の内容	権利の種類	権利の設定・移転の別	権利の設定・移転の時期	権利の存続期間	その他
		設定　　移転			

5資金調達についての計画	
6転用することによって生ずる付近の土地・作物・家畜等の被害防除施設の概要	
7その他参考となるべき事項	

（記載要領）

1　当事者が法人である場合には、「氏名」欄にその名称及び代表者の氏名を、「住所」欄にその主たる事務所の所在地を、「職業」欄にその業務の内容を、それぞれ記載してください。

2　譲渡人が２人以上である場合には、申請書の差出人は「譲受人何某」及び「譲渡人何某外何名」とし、申請書の１及び２の欄には「別紙記載のとおり」と記載して申請することができるものとします。この場合の別紙の様式は、次の別紙１及び別紙２のとおりとします。

3　「利用状況」欄には、田にあっては二毛作又は一毛作の別、畑にあっては普通畑、果樹園、桑園、茶園、牧草畑又はその他の別、採草放牧地にあっては主な草名又は家畜の種類を記載してください。

4　「10ａ当たり普通収穫高」欄には、採草放牧地にあっては採草量又は家畜の頭数を記載してください。

5　「市街化区域・市街化調整区域・その他の区域の別」欄には、申請に係る土地が都市計画法による市街化区域、市街化調整区域又はこれら以外の区域のいずれに含まれているかを記載してください。

6　「転用の時期及び転用の目的に係る事業又は施設の概要」欄には、工事計画が長期にわたるものである場合には、できる限り工事計画を６か月単位で区分して記載してください。

7　申請に係る土地が市街化調整区域内にある場合には、転用行為が都市計画法第29条の開発許可及び同法第43条第１項の建築許可を要しないものであるときはその旨並びに同法第29条及び第43条第１項の該当する号を、転用行為が当該開発許可を要するものであるときはその旨及び同法第34条の該当する号を、転用行為が当該建築許可を要するものであるときはその旨及び建築物が同法第34条第１号から第10号まで又は都市計画法施行令第36条第１項第３号ロからホまでのいずれの建築物に該当するかを、転用行為が開発行為及び建築行為のいずれも伴わないものであるときは、その旨及びその理由を、それぞれ「その他参考となるべき事項」欄に記載してください。

Ⅲ　許可申請書の様式等

（様式例第４号の８）

農地法第４条第１項第８号の規定による農地転用届出書

令和　　年　　月　　日

農業委員会会長　殿

届出者

下記のとおり農地を転用したいので、農地法第４条第１項第８号の規定により届け出ます。

記

<table>
<tr><td rowspan="2">1　届出者の住所等</td><td colspan="5">住　　所</td><td colspan="4">職　　業</td></tr>
<tr><td colspan="5"></td><td colspan="4"></td></tr>
<tr><td rowspan="7">2　土地の所在等</td><td rowspan="2">土地の所在</td><td rowspan="2">地　番</td><td colspan="2">地　　目</td><td rowspan="2">面　積</td><td colspan="2">土地所有者</td><td colspan="2">耕　作　者</td></tr>
<tr><td>登記簿</td><td>現　況</td><td>氏　名</td><td>住　所</td><td>氏　名</td><td>住　所</td></tr>
<tr><td></td><td></td><td></td><td></td><td></td><td></td><td></td><td></td><td></td></tr>
<tr><td></td><td></td><td></td><td></td><td></td><td></td><td></td><td></td><td></td></tr>
<tr><td></td><td></td><td></td><td></td><td></td><td></td><td></td><td></td><td></td></tr>
<tr><td></td><td></td><td></td><td></td><td></td><td></td><td></td><td></td><td></td></tr>
<tr><td>計</td><td colspan="8">㎡（田　　　㎡　畑　　　㎡）</td></tr>
<tr><td rowspan="4">3　転用計画</td><td>転用の目的</td><td colspan="8"></td></tr>
<tr><td rowspan="2">転用の時期</td><td colspan="2">工事着工時期</td><td colspan="6"></td></tr>
<tr><td colspan="2">工事完了時期</td><td colspan="6"></td></tr>
<tr><td colspan="3">転用の目的に係る事業又は施設の概要</td><td colspan="6"></td></tr>
<tr><td>4　転用することによって生ずる付近の農地、作物等の被害の防除施設の概要</td><td colspan="9"></td></tr>
</table>

（記載要領）

1　届出者が法人である場合には、「氏名」欄にその名称及び代表者の氏名を、「住所」欄にその主たる事務所の所在地を、「職業」欄にその業務の内容を、それぞれ記載してください。

2　「転用の目的に係る事業又は施設の概要」欄には、事業又は施設の種類、数量及び面積、その事業又は施設に係る取水又は排水施設等について具体的に記入してください。

（様式例第４号の９）

農地法第５条第１項第７号の規定による農地転用届出書

令和　　年　　月　　日

農業委員会会長　殿

譲受人　氏名

譲渡人　氏名

下記のとおり転用のため農地（採草放牧地）の権利を設定し（移転）したいので、農地法第５条第１項第７号の規定により届け出ます。

記

<table>
<tr><td rowspan="3">１　当事者の住所等</td><td>当事者の別</td><td colspan="3">氏　　名</td><td colspan="3">住　　所</td><td colspan="2">職　　業</td></tr>
<tr><td>譲　受　人</td><td colspan="3"></td><td colspan="3"></td><td colspan="2"></td></tr>
<tr><td>譲　渡　人</td><td colspan="3"></td><td colspan="3"></td><td colspan="2"></td></tr>
<tr><td rowspan="6">２　土地の所在等</td><td rowspan="2">土地の所在</td><td rowspan="2">地　番</td><td colspan="2">地　　目</td><td rowspan="2">面　積</td><td colspan="2">土地所有者</td><td colspan="2">耕　作　者</td></tr>
<tr><td>登記簿</td><td>現　況</td><td>氏　名</td><td>住　所</td><td>氏　名</td><td>住　所</td></tr>
<tr><td></td><td></td><td></td><td></td><td></td><td></td><td></td><td></td><td></td></tr>
<tr><td></td><td></td><td></td><td></td><td></td><td></td><td></td><td></td><td></td></tr>
<tr><td></td><td></td><td></td><td></td><td></td><td></td><td></td><td></td><td></td></tr>
<tr><td>計</td><td colspan="8">㎡（田　　㎡　畑　　㎡　採草放牧地　　㎡）</td></tr>
<tr><td rowspan="2">３　権利を設定し又は移転しようとする契約の内容</td><td>権利の種類</td><td colspan="2">権利の設定、移転の別</td><td colspan="2">権利の設定、移転の時期</td><td colspan="2">権利の存続期間</td><td colspan="2">その他</td></tr>
<tr><td></td><td colspan="2"></td><td colspan="2"></td><td colspan="2"></td><td colspan="2"></td></tr>
<tr><td rowspan="4">４　転用計画</td><td>転用の目的</td><td colspan="3"></td><td colspan="4">開発許可を要しない転用行為にあっては都市計画法第29条の該当号</td><td></td></tr>
<tr><td rowspan="2">転用の時期</td><td colspan="2">工事着工時期</td><td colspan="6"></td></tr>
<tr><td colspan="2">工事完了時期</td><td colspan="6"></td></tr>
<tr><td colspan="3">転用の目的に係る事業又は施設の概要</td><td colspan="6"></td></tr>
<tr><td>５　転用することによって生ずる付近の農地、作物等の被害の防除施設の概要</td><td colspan="9"></td></tr>
</table>

（記載要領）

１　当事者が法人である場合には、「氏名」欄にその名称及び代表者の氏名を、「住所」欄にその主たる事務所の所在地を、「職業」欄にその業務の内容を、それぞれ記載してください。

２　譲渡人が２人以上である場合には、届出書の差出人は「譲受人何某」及び「譲渡人何某外何名」とし、届出書の１及び２の欄には「別紙記載のとおり」と記載して申請することができるものとします。この場合の別紙の様式は、次の別紙１及び別紙２のとおりとします。

３　「転用の目的に係る事業又は施設の概要」欄には、事業又は施設の種類、数量及び面積、その事業又は施設に係る取水又は排水施設等について具体的に記入してください。

3　農地法第18条関係

（様式例第９号の３）

農地法第18条第１項の規定による許可申請書

令和　　年　　月　　日

都道府県知事　殿
（指定都市の長）

申請者　　住所
氏名

下記土地について賃借権の○○をしたいので、農地法第18条第１項の規定により許可を申請します。

記

1　賃貸借の当事者の氏名等

当事者	氏　　名	住　　所	備　　考
賃貸人			
賃借人			

2　許可を受けようとする土地の所在等

所在・地番	地目		面積（㎡）	利用状況	耕作（利用）年数
	登記簿	現況			

3　賃貸借契約の内容　別紙賃貸借契約書写しのとおり
4　賃貸借の○○をしようとする事由の詳細
5　賃貸借の○○をしようとする日　令和　　年　　月　　日
6　土地の引渡しを受けようとする時期　令和　　年　　月　　日
7　賃借人の生計（経営）の状況及び賃貸人の経営能力
（1）土地の状況

	農地の面積									採草放牧地の面積			備考
	自作地			借入地			貸付地			貸付地以外の所有地	借入地	貸付地	
	田	畑	計	田	畑	計	田	畑	計				
賃貸人													山林　a 宅地　㎡
賃借人													山林　a 宅地　㎡

(2) 土地以外の資産状況

項目		賃貸人	賃借人
所有大農機具の種類とその数量	種類		
	数量		
飼養家畜の種類とその頭羽数	種類		
	数量		
その他			
固定資産税額			
市町村民税の所得決定額			

(3) 世帯員等(構成員)の状況

	世帯員等(構成員)〔15歳以上のもの〕氏名	年齢	世帯員等(構成員)就業等の状況(○印を付す)			備考
			農業従事者	農業以外の業務を兼ねるもの	農業外の職業従事者	
賃貸人						
賃借人						

8　賃借権の解約に伴い支払う給付の種類等

土地の別		離作料支給土地の面積	毛上補償		離作補償		代地補償		備考
			10a当り	総量	10a当り	総量	地目	面積	
農地	田								
	畑								
採草放牧地									

9　信託事業に係る信託財産

（記載要領）

1　本文、記の4及び5には、「解除」等該当する用語を記載してください。（合意解約の場合は「申請者」のところに当事者双方が連署してください。）

2　法人である場合は、住所は主たる事務所の所在地を、氏名は法人の名称及び代表者の氏名をそれぞれ記載し、記の1の「賃貸借の当事者の氏名等」の備考欄に主たる業務の内容を記載してください。

3　記の3の「賃貸借契約の内容」は様式どおり「別紙賃貸借契約書写しのとおり」と記載し、賃貸借契約書の写しを添付しますが、賃貸借契約書のない場合には賃貸借契約の時期、契約の期間、年額の借賃（借賃として定額の金銭以外のものを定めている場合にはそのものを金銭に換算した額を併記します。）、土地改良費、修繕費、その他の負担区分等の契約の内容につき詳細に記載してください。

4　記の7(2)は、現に使用等しているものについて記載し、その性能等をできる限り詳細に記載してください。また法人にあっては固定資産税額、市町村民税の所得決定額は、法人について課される額を記載し、その他として法人税、事業税について記載してください。

5　記の9は、信託事業に係る信託財産について行われる場合には、信託による貸付終了年月日を、また、その賃貸借がその信託財産に係る信託の引き受け前から既に終了していた場合には、その賃貸借の開始年月日、信託契約を行なった年月日及び信託契約終了年月日を記載してください。

（様式例第９号の６）

農地法第18条第６項の規定による通知書

令和　　年　　月　　日

農業委員会会長　殿

通知者　（賃貸人）　住所
氏名
（賃借人）　住所
氏名

下記土地について賃貸借の○○をしたので、農地法第18条第６項の規定により通知します。

記

1　賃貸借の当事者の氏名等

当事者	氏　　名	住　　所
賃貸人		
賃借人		

2　土地の所在等

所在・地番	地　目		面積（㎡）	備　　考
	登記簿	現　況		

3　賃貸借契約の内容

4　農地法第18条第１項ただし書に該当する事由の詳細

5　賃貸借の解約の申入れ等をした日
賃貸借の解約の申入れをした日　　令和　　年　　月　　日
賃貸借の更新拒絶の通知をした日　　令和　　年　　月　　日
賃貸借の合意解約の合意が成立した日　　令和　　年　　月　　日
賃貸借の合意による解約をした日　　令和　　年　　月　　日

6　土地の引渡しの時期

7　その他参考となるべき事項

（記載要領）

1　本文には解約の申入れ、更新拒絶の通知、合意解約等該当する用語を記載してください。（合意解約の場合は「通知者氏名」のところに当事者双方が連署してください。）

2　法人である場合は、住所は主たる事務所の所在地を、氏名は法人の名称及び代表者の氏名をそれぞれ記載してください。

3　記の３の「賃貸借契約の内容」については、別紙賃貸借契約書の写しのとおり記載し、賃貸借契約書の写しを添付してください。

4　記の５の「賃貸借の解約の申入れ等をした日」については、該当事項にその年月日を記入しますが、合意解約の場合にあっては、その合意が成立した日及びその合意による解約をした日の双方に記載してください。

新・農地の法律がよくわかる百問百答　改訂３版
定価2,400円（本体2,182円＋税10％）
送料別

平成26年７月　改訂版
平成28年10月　改訂第２版
令和３年７月　改訂第３版

発　行　全国農業委員会ネットワーク機構
一般社団法人　全国農業会議所
〒102-0084
東京都千代田区二番町９－８
電　話　03（6910）１１３１
全国農業図書コード R03-15

落丁本、乱丁本はお取替えいたします